孙圣朝

●

著

版式设计
一点通

U0382409

人民邮电出版社

北　京

图书在版编目（CIP）数据

版式设计一点通 / 孙圣朝著. -- 北京 ：人民邮电
出版社，2024.2
　ISBN 978-7-115-63004-9

Ⅰ．①版… Ⅱ．①孙… Ⅲ．①版式－设计 Ⅳ.
①TS881

中国国家版本馆CIP数据核字(2023)第209967号

内 容 提 要

版式设计是设计的基础，在日常生活中的应用非常广泛。尽管本书作者非科班出身，但在经过近 20 年的设计实践后积累了大量的版式设计经验，已成功带领众多设计爱好者成长为专业设计师。本书依托于作者多年的设计经验编写而成。

本书首先介绍了版式设计的基本概念和理论基础，并告诉读者如何判断版式设计正确与否；然后通过引导读者实操的方式，将学到的知识运用到实际的设计项目中，包括名片设计、海报设计、画册设计等。本书适合想要从事设计工作但无从下手的人，也适合入门设计师参考与学习，还适合院校设计相关专业或培训机构作为教材使用。

◆ 著　　　　　孙圣朝
　　责任编辑　　张丹丹
　　责任印制　　马振武

◆ 人民邮电出版社出版发行　　北京市丰台区成寿寺路 11 号
　　邮编　100164　　电子邮件　315@ptpress.com.cn
　　网址　https://www.ptpress.com.cn
　　北京九天鸿程印刷有限责任公司印刷

◆ 开本：880×1230　1/32
　　印张：6.5　　　　　　　2024 年 2 月第 1 版
　　字数：256 千字　　　　 2025 年 3 月北京第 5 次印刷

定价：69.80 元

读者服务热线：(010)81055410　印装质量热线：(010)81055316
反盗版热线：(010)81055315

前 言

感谢你选择这本书，并翻开了它。

试读过本书初稿的朋友说："在读这本书的时候，感觉它与传统的设计教程不一样，读起来很轻松，像是在跟老朋友面对面聊天。书中内容主要是解决新手设计师在设计中会遇到的问题，在解决问题的过程中不知不觉地就学到了知识。"这正是我期待的效果，希望那些枯燥的理论知识变得易于吸收。

作为 2004 年入行的非科班出身的设计师，我有过基层工作的经历，有过创业的经历，也有过分享设计经验的经历。这些经历让我深知设计师在成长之路上所面临的困难。为了把这本书尽快写出来，我离开了做了 8 年的设计总监岗位，选择了裸辞。朋友们都觉得我疯了，但我觉得"90 后"的我还年轻，还经得起折腾。

2015 年，我写了一些设计教程，由于内容轻松易读，观点比较犀利，角度也比较新颖，意外赢得了很多人的喜欢，也有幸被业内知名人士转发。

我十分感谢人民邮电出版社的张丹丹编辑，是她鼓励我启动了写书这件事。她说我的很多设计教程很实用，很适合设计新人，希望我能写一本书来帮助想要成为设计师的人，解决他们的学习痛点。于是，我开始着手写书。在此之前，我从未想过能写一本书，因为感觉自己还太稚嫩，认为这简直是不可能的事情，所以写了很久……期间重写了 5 遍。这本书结合实际工作和课堂实践，经过反复的推翻、打磨，终于完成了。书中通过大量的实例来说明设计是有科学方法的，并反复强调沟通的重要性，结合设计基础理论和设计中的沟通技巧来讲解如何做设计。希望读完这本书的朋友不再认为设计是多么神奇、多么复杂、多么困难的事情，能够打破认知屏障，从心出发，做真正意义上的设计师。

我衷心地希望这本书能经得起推敲，更能经得起岁月的沉淀。本书的知识点均源于实际设计工作的总结，不求做得最好，但求不让自己失望，更不让大家失望。

资源与支持

本书由"数艺设"出品，"数艺设"社区平台（www.shuyishe.com）为您提供后续服务。

学习资源：书中部分案例的源文件，以及 5 个海报设计视频和 4 个画册设计流程视频。

获取资源

提示

微信扫描二维码关注公众号后，输入 51 页左下角的 5 位数字，获得图书资源的领取方法。

"数艺设"社区平台， 为艺术设计从业者提供专业的教育产品。

与我们联系

"数艺设"的联系邮箱是 szys@ptpress.com.cn。如果您对本书有任何疑问或建议，请您发邮件给我们，并请在邮件标题中注明本书书名及 ISBN，以便我们更高效地做出反馈。

如果您有兴趣出版图书、录制教学课程，或者参与技术审校等工作，可以发邮件给我们。如果学校、培训机构或企业想批量购买本书或"数艺设"出版的其他图书，也可以发邮件联系我们。

关于"数艺设"

人民邮电出版社有限公司旗下品牌"数艺设"，专注于专业艺术设计类图书出版，为艺术设计从业者提供专业的图书、视频电子书、课程等教育产品。出版领域涉及平面、三维、影视、摄影与后期等数字艺术门类，字体设计、品牌设计、色彩设计等设计理论与应用门类，UI 设计、电商设计、新媒体设计、游戏设计、交互设计、原型设计等互联网设计门类，环艺设计手绘、插画设计手绘、工业设计手绘等设计手绘门类。更多服务请访问"数艺设"社区平台 www.shuyishe.com。我们将提供及时、准确、专业的学习服务。

目　录

第 3 章 实践出真知

第 4 章 画册设计指南

版式设计用于高效传递信息。

第 1 章

版式设计概述

在学版式设计之前，要先理解版式设计的作用和意义，要明确什么样的版式才是正确的、有效的。这样后续的学习才能有的放矢。

1.1 版式设计的作用

1.1.1 版式设计用于高效传递信息

版式设计的本质是通过视觉表现来传递信息。用什么媒介传播、以什么样的形式呈现，需要设计师与客户沟通确定，然后由设计师提供设计方案。例如，客户想要用海报的形式把信息最快、最有效地传达给受众，就需要设计师对客户提供的信息进行梳理、编排和加工，使之和受众形成互动，达到最好的传播效果。

日常生活中见到的高速公路指示牌、商场的宣传海报、路边的大屏幕广告，以及手机上显示的信息等都需要版式设计。从狭义的角度看，解决信息识别及传播问题的过程就是版式设计。版式设计不仅可以用于画册、海报的制作，还可以用于招牌、名片、路标、包装等的制作。版式设计除了解决信息识别及传播问题，还可以解决人与人、人与物之间的沟通问题。版式设计是一种高效的沟通方式，是以人为本的。版式设计师在做设计的时候需要具备这种基本认知。

1.1.2 版式设计是有目的的

商超、地产之类的广告宣传设计的主要目的是引导消费者达成交易。在引导过程中，"博眼球"的版式设计起着非常关键的作用，当然也离不开文案的功劳。在互联网环境中，人们基本每天都会接触到广告，这些都需要排版设计，同样，它们多是有目的的商业设计。还有手机界面、短视频界面等，这些也都需要合理的版式设计，以提供舒适的阅读体验。

1.1.3 版式设计用于将文案可视化表现

在这个信息爆炸的时代，人们被各种信息包围，短视频的出现使人们能更加灵活、方便地获取信息，文字阅读不再是人们获取信息的首选方式。这时就可以通过版式设计对文案进行可视化表现，使其传播力更强、识别度更高。目前，可视化设计已经是商业环境中的主流设计，如电商购物广告设计、企业画册设计、产品宣传海报设计等。

版式设计就是
从文案到视觉 →

2020.3.15

国际消费者权益日
一切都是为了保护消费者合法权益
诚信为本货真价实

1.2 版式设计的意义

前面提到，版式设计的本质是通过视觉表现来传递信息。再深一层思考，设计是不是可以理解为解决问题的工具？突然抛出这个观点你可能会有点不解，先别急，我们来分析一下。例如，村口王麻子磨剪刀很有名，外地人慕名而来，这时就需要立一个招牌或广告牌进行标示，让他们能快速找到王麻子。你看，这不就是在解决问题吗？解决了外地人找不到王麻子这个问题。联想到实际生活中我们常见的禁止吸烟警示牌等，它可以提醒大众不要在公共场合吸烟。所以，我们可以从解决问题的角度来看设计，设计是给人用的，要以人为本。不论是商业设计还是非商业设计，不论是复杂还是简单，版式设计都要遵循为人们解决问题的原则，毕竟做设计实用为先，拒绝华而不实。

用解决问题的心态做设计

设：更侧重于构思、策略、思考过程。

计：落地，侧重于执行过程和结果。

明确需求　→　构图设想　→　想法呈现

招贤纳士
We Need You

设计总监 年薪：15—30W
助理设计师 年薪：5—10W

虚位以待 欢迎加入我们

招贤纳士

设计总监　年薪：15—30W
助理设计师　年薪：5—10W

虚位以待 欢迎加入我们　　WE NEED YOU

* 这个案例旨在说明设计步骤大致包括明确需求、构图设想、想法呈现。

有时候，设计师的角色就如同修理工，要能发现问题并解决问题。商业版式设计的意义是功能优先，艺术观赏靠后。

拆开理解，设计不就是"心法＋技法"吗？是的，没错！设计是一个过程，旨在解决问题，而非创意表达。无目的地采用新的形式其实没有意义，这样不仅会错过最佳创作时机，还有可能会错失整个项目。

对于商业机构而言，优秀的设计总能解决问题，助力品牌推广。所以对于初学者来说，与其绞尽脑汁地去思考设计创意，漫无目的地寻找灵感，不如多花时间倾听客户的需求，去发现问题并解决问题，最好往需求层面深挖，这才是真正的设计。

版式设计三大元素及四大原则不是纸上谈兵

版式设计三大元素和四大原则这两大知识架构有助于提升人的基本审美素养。不论你是设计从业者、甲方，还是普通消费者都非常有必要了解一下。第2章会深入浅出地讲解这两大知识架构。如果将三大元素看作厨房中的食材，那么四大原则就是烹饪技巧，两者不可或缺，相辅相成。做设计不要急着找灵感、寻创意，要把了解客户诉求放在第一位。凭感觉做设计不靠谱，也不能长久，必须掌握核心技术。只有熟练掌握三大元素及四大原则，才能在设计过程中游刃有余、张弛有度。

这一章只是个"开胃菜"，"豪华大餐"还在后面。

学习任何知识都不能只学表面，要学就学深入、学透彻，要知其然更知其所以然。

第 2 章
理论是基础

　　图文编辑及版面的编排设计，我们称其为版式设计，是平面设计的基础。版式设计是每个设计从业者必须掌握的技能，掌握了这个技能才能更好地入门设计。在这一章，我以一个非科班出身的设计师的角度阐述对版式设计的认识和理解。

2.1 版式设计中的三大元素

文案：信息传递的核心元素

图形 / 图片：传递文案表达不了的情感，版式中的主体元素

留白：除了文案、图形 / 图片，其他的都是留白

2.1.1 文案的作用是传递信息

设计靠文案来沟通，文案的主要功能就是传递信息。日常生活中大多数版式设计都以文案表达为主，但凡广告宣传就离不开文案。江小白就是典型的以文案打动消费者从而促成交易的案例。文案信息可以清楚地表达事件的内容，也更容易与消费者形成互动。例如，五折、甩卖、买一送一、赠送等，这类信息甚至都不用刻意设计，就可以引起消费者的注意。这也是很多商家惯用的表达方式。商家如果希望通过海报等方式宣传产品，首先需要通过文案表达出产品的特点及优势。因此，作为版式设计中三大元素之首的文案是必不可少的。要想大众能看懂，就必须得配套相应的文案。

全场五折优惠

50% discount on all tickets

SALE 50%

全场五折优惠

2.1.2 图形 / 图片的作用是吸引目光

在图文编排设计时，图形 / 图片在版式中常以主体的形式出现，图形 / 图片相对纯文案来说识别度更高、传播速度更快，更容易引起注意。如下面的路标指示牌，很显然左边的图更直观一些。当人们遇到陌生画面的时候，会下意识地看最容易识别的元素，相对文字，图形的识别度更高。但这不是绝对的，不同的场景或许有不同的选择，大家要有自己的判断力。

"博眼球"就是在版面中强调图形 / 图片。

在商业宣传的版式设计中，科技类数码产品往往会把产品图放得大大的，这是为了突出产品的颜值，吸引消费者。手机、手表、计算机几乎都是用这种设计方式，一些电商快消品的设计也会特别突出产品图。版面中没有图总会让人觉得差点味道。在版式设计中，当纯文字满足不了版面需求的时候，可以添加图形 / 图片来解决。看下面这组对比图，图形明显比纯文字的视觉表现力更强，更吸引目光。

2.1.3 文案和图形 / 图片之外都是留白

留白用无形美衬托有形美。很多初学者会有个误区，认为在版面中留出白色就是留白。其实版式设计中的留白并不绝对是白色，也可能是其他色彩。真正的留白是一种留空的视觉感受，主要是指版面中除文案和图形 / 图片元素以外的空间。例如，中国的水墨画就非常讲究留白艺术。留白可以使版面更有质感；留白可以调节版面的空间，让画面更加通透；留白可以让主体更突出。但并不是所有的设计都需要大留白，如促销、庆典等热闹氛围的版面就不适合大留白设计，这需要由项目本身的属性决定。

留白不仅可以调节版面的虚实、黑白关系，更能提升作品的表达效果，从而带来更美好的艺术体验。留白在版式设计中还有一个关键的作用——调节版面的节奏和气质。例如下面两个版面，右边这个版面比较满，节奏感强，视觉上感觉透气性差；左边这个更简约，气质上相对安静，节奏感没有那么强，主体会更突出。由此可见，留白多了会更吸引目光，因为人们对于留白的版面更感兴趣，所以通过留白的手法将信息关系隔开，会更有利于文案、图形 / 图片的信息传递，层级关系会更清晰。

留白多空旷安静　　　　　　　　　留白少饱满热闹

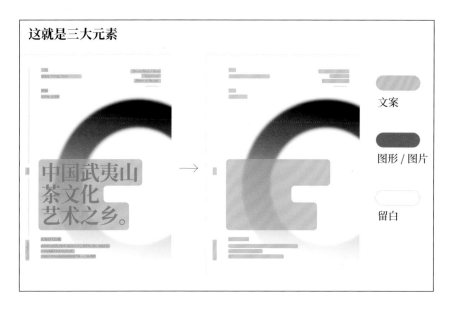

这就是三大元素

文案

图形 / 图片

留白

三大元素是构成版式设计的基础元素，所有平面设计都离不开这三大元素，也是平面设计从业者每天工作必然接触的元素。通过本节的讲述，大家对版式的构成有了初步的了解。接下来了解一下版面率对版式气质的影响。

2.2 版面率

版面率指的就是信息、图形 / 图片在版面中的占比，分为高版面率、低版面率。**版面率越高留白就越少，版面率越低留白就越多。留白多会显得典雅和安静，留白少会显得活泼和热闹。留白是影响版面率的关键因素。**当客户提意见说版面太满的时候，可以先检查信息在版面中所占的比例，多了就满，少了就空。一个设计最终用高版面率还是低版面率，要根据项目的气质而定。学习了版面率后，在做设计的时候心里就会多一个尺度。

2.2.1 低版面率、高留白版式

当我们需要营造安静、高调的画面氛围时，需要把版面率做低，把留白做大。用细一点的字体更显精致，因为细的字体字怀（笔画之间留白空间）相对大，所以看起来自然精致。版式的整体气质主要由字体和留白来决定。

大面积留白的版面

2.2.2 高版面率、低留白版式

下方这个版面看起来饱满一些，可以直观判断出信息占比大于负空间的占比。版面率比较高，更适合促销使用。如果加以色彩点缀，就是一张营销海报。

被内容塞满的版面

使用高版面率或低版面率取决于项目本身的气质，要热闹就把元素拉大填满，要安静就多留出一些空白。再者，要知道你做的版式给谁看，用在什么场景下。如果是热闹的卖场，显然本页上方的图合适；如果是高端场所，上页的图更合适一些。这里没有绝对的对与错，只谈合适与否。设计，合适的就是最好的。版式设计的风格跟穿搭的道理差不多，去不同场合见不同的人需要不同的穿搭，西装革履并不适合所有场景，短裤配人字拖也有用武之地。

2.3 版式的气质

在生活中，我们会用大方、优雅、洋气、憨厚、老实之类的词来形容一个人的气质，其实版式也有气质，也就是我们常说的调性。从视觉效果上就可以分辨一个版式的调性，如热闹的版式、安静的版式。因此，商业版式的气质也可以分为热闹气质和安静气质。影响气质的主要因素是版面率。大家常常会把风格和气质混为一谈，其实它们是相辅相成的。风格是指某一种设计形式，强调的是形式感，如商务极简风、国潮风、孟菲斯风、朋克风、电音风、日系风、插画风、写实风等。而气质可以决定采用哪种视觉风格来表现效果，如商务极简风的版式所呈现的视觉气质多数是安静、稳重的，像国潮风、朋克风等版式所呈现的气质是比较热闹和浮夸的。

接下来深入了解一下气质在版式设计中的应用。

2.3.1 热闹气质

热闹气质的版式设计形式感强，不再中规中矩，版面自由灵活，细节元素丰富饱满；版面率较高，元素几乎占满大部分版面；画面比较热闹，视觉效果夸张。热闹气质的版式常用在商业设计中，如促销、满减、开业、节庆、新品上市等信息的视觉海报，常以热闹、喜庆、夸张的设计手法来呈现视觉画面，以达到视觉营销的目的。下页 4 张图用不同的形式呈现了热闹气质的版式在商业环境中的落地应用。大家也可以观察和整理那些符合热闹气质的海报版式，了解热闹气质版式的特点和应用场景。

2.3.2 安静气质

安静气质与热闹气质刚好相反，这类版式是让人静下来阅读的，所以内容排版简单，没有很夸张的设计手法；版面干净整洁，留白较多。安静气质可以突出画面高级感，常见的冷淡风、ins风就属于安静气质。下面的4张图虽然用了不同的构图形式，但它们都属于安静气质类的海报。母婴、美妆、高端产品、科技产品、医疗行业等有高级感、品质感视觉需求的设计项目都可以采用安静气质来表现。

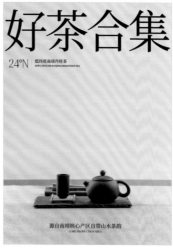

2.3.3 影响版面气质的因素

影响版面气质的主要因素是留白面积，留白多就安静，留白少就热闹。还有一个因素是配图的气质，不同风格的人物、场景和产品的配图也会影响整体版式的气质。尤其做画册设计项目，几乎全靠图片的气质来衬托画册的气质，所以做设计之前先确定版面气质方向是每个设计师必须具备的能力。先确定好版面气质，再着手排版，会大大提高设计效率。

2.4 版式设计中的层级、逻辑和主体

2.4.1 版式设计中的层级

层级的主要作用是提高信息识别率和视觉传播效率。

版式中的层级就好比音乐中的音符，是有轻重之分的。一个版面中通常有多个元素，这些元素是需要有轻重之分的，否则就会层级混乱，难以阅读。根据信息的优先级做梳理和编排，以区分重要信息、次要信息及其他辅助信息。

文案基本都可以分拆出"重要信息""次要信息""其他辅助信息"三个层级，是否可以延伸更多呢？如四、五、六层级。当然是可以的，但是要记住，版式设计中最主要的是前三级信息。这里的层级单指文案信息之间的层级关系。

无关紧要的信息通通缩小靠边

IMPORTANT
INFORMATION
重要信息
要突出

次要信息紧随其后

其他辅助信息要弱化。
版式设计是讲究先后识别顺序的，重要的信息要突出。

重要信息

需要强调的、最为突出的信息。

次要信息

比重要信息弱一些的信息。

其他辅助信息

可以缩小、弱化、边缘化的信息。

2.4.2 深入了解层级

单纯从重要信息、次要信息及其他辅助信息判断层级关系只适合一些简单的设计，如果遇到复杂的设计就需要更细致的拆分。例如，用数字代表层级，会更科学、更精准地帮助设计师解析和拆分文案。虽说设计师的主要工作是排版设计，但首要任务是要学会拆分文案，不会拆分文案的设计师是很难把版式设计做得高效和精准的。文案信息就相当于演员的剧本，只有把剧本吃透了，才可能把人物演活。版式设计也是这个道理，只有真正了解了项目诉求，才可能把设计做对做好。

超过三个层级的信息就算作多层级信息，如果感觉自己没有能力处理这么复杂的信息，可以先去拆解简单的作品。由易到难、由少到多地去拆解，熟能生巧。这里的参考案例比较简单，后面会拆解复杂的案例。

2.4.3 版式设计中的逻辑关系

逻辑和层级是相辅相成的，逻辑主要解决先后的关系，例如，炒菜需要先切菜，然后炒菜，再下调味料，最后出锅。在版式设计中，逻辑主要控制视觉的流向和信息的入场顺序，如从左到右、从上到下、从左上到右下的阅读顺序。夸一个人优秀经常会讲思维敏捷，逻辑清晰，做事有先后、有轻重。做设计也一样离不开思维和逻辑。版式设计主要讲究的是视觉逻辑，给观者先看什么，后看什么，为达到这些目的而刻意为之的这个过程就是设计中的视觉逻辑。宜家的单向动线设计曾被赞誉为"危险的仙境"，逛过宜家的读者应该深有感触。他们的设计目的是引导顾客看完他们所有的产品，这点跟版式设计很类似。当然，有利有弊，有些人嫌又绕又累就吐槽它为"迷宫式"路线。所以，精准、合理地把控版式设计中的逻辑关系是设计师需要努力的方向。

 依据版式层级关系推导视觉逻辑

通过下面这个版式的拆解，可以很清晰地看到版式中的视觉逻辑，原来每个版式并不是"靠感觉随便摆"。大家可以去练习拆解更多的作品，逐渐给自己增加难度来验证一下。

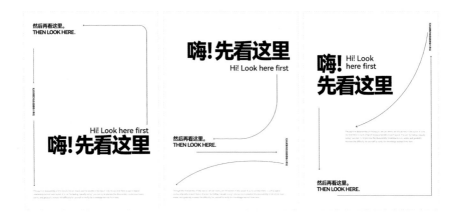

2.4.4 版式设计中的主体

主体通常比较突出，是版式中最先被人看到的元素。例如，数码产品海报、运动产品海报、PPT版式都有比较夸张的主体，文案则作为辅助去解释主体。主体明确，层级就会清晰，信息传递也会更加精准有效。

主体可以用任何一种形式呈现，如人物、动物、物品（产品）、图形、图片、文字等，只要可以大面积呈现的都可以当作主体。

主体是版式中面积最大的元素

在设计过程中，设计师容易混淆主体和信息的层级关系，不知该放大哪个、缩小哪个。在此提醒所有的读者，理性客观是设计师的必备心态，没必要纠结，如果可以确定哪个是主体就放大主体，无法确定就突出标题。版式中的主体只有一个，无论是图形、图片，还是大标题，只要能够区分出它们，在操作的时候就能理清主体与信息层级之间的关系。如果仍然不会操作那就多看，结合书上的知识点多学习、多总结。

温馨提醒：学设计不可生搬硬套，死记教条。设计没有绝对的对与错，包括本书讲的知识点，大家也是要活学活用。

2.5　版式结构

对版式设计来说，结构就是骨架。在做版式设计时，很多设计师认为版式的结构与布局很难，似乎除了参考模板再找不到更好的方法来解决了。其实真正了解了版式结构的门道之后就简单了。从前面讲过的层级、逻辑，再到这里的版式结构，学会这些，设计版式可以说是水到渠成了。

下面用拆解的方法来认识版式结构。

成品图　　　拆解结构

零首付 无忧家装

我个人的学习方法是拆解，凡是遇到不懂的版式就先想办法拆解它。被拆解完的骨架有层级、有逻辑、有主体，所有的案例都可以通过拆解的方法来研究其结构。因此，但凡搞不懂的版式就去拆解它，掰开揉碎后再分析就没有那么难了。这有点类似于解数学题，更类似于搭积木。

搭建版式结构就像搭积木。搭积木很多人都玩过，并非随意就能搭好，需要考虑好支撑。在版式结构的搭建过程中也并不是凭感觉随意堆砌，要遵循一些既定的原则，如层级、主体及阅读逻辑。如果只是随意地拼搭，不考虑层级、主体和逻辑，必然无法达到信息传递的目的。

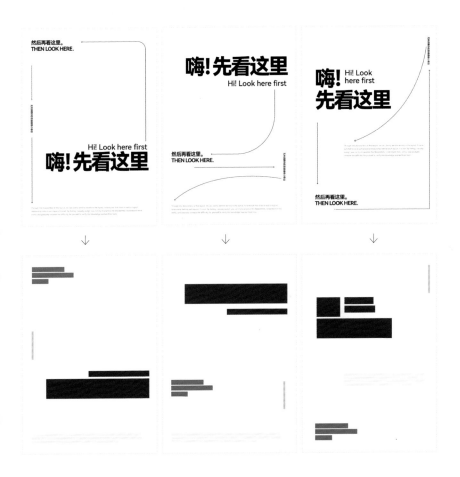

有同学会认为，不就是挪个位置吗，有那么神奇？本小节只是在抛砖引玉，不展开深入探讨。版式结构是设计的基本功，大家可以多练习。

2.6 字体的分类与使用

文字是版式设计中不可或缺的基本元素，是内容表达的主要载体。字体的美感直接影响版面的美感。字体分为衬线体、非衬线体和手写体，它们传达的视觉气质是不一样的。字体气质会影响整个版式的气质，在版式设计中，字体选择必须准确到位，否则会影响整个版式的视觉效果，甚至会影响整个项目。

每个设计师都应该在做设计之前认识一下字体，了解字体的气质、特征、字重及字体家族，以及字间距和行间距的设置。一套优秀的平面视觉作品是由很多细节组成的，字体就是其中非常重要的细节。本节会通过大量的案例讲解不同字体气质对版式气质的影响。下面先了解字体的基本分类，再学习一下字间距的设置方法。

现在有很多免费商用的字体，如鸿蒙字体、思源黑体、阿里巴巴普惠体等。使用这些字体免去了很多企业和设计师在字体版权方面的后顾之忧。

2.6.1 字体的基本分类

常用字体从形态上分为衬线体、非衬线体和手写体。中、西文字体都有衬线体和非衬线体，这里了解即可，不做深入探讨。

一宋

1234567890
ABCDEFGHIGKLMNOPQ
RSTUVWXYZ!@#$%^&*()

1. 衬线体

衬线体的特点：笔画横细竖粗，字的笔画开始或结束的地方有衬角。宋体是典型的衬线体，具有复古、文雅的气质。

衬线体的应用非常广泛，在此列举几个比较有代表性的应用案例。

优雅知性美　　　　　　时尚奢华　　　　　　文艺文化类

正统严肃　　　　　　艺术文化

　　以上列举了衬线体常用的应用场景和行业。如果你设计的版式与以上海报中展示的行业有关，可以尝试使用衬线体。合适的字体有助于提升版式与行业的契合度。

2. 非衬线体

非衬线体的特点：横竖笔画粗细均匀，字的笔画末端没有衬角，直硬、现代感很强；多用于互联网、屏幕显示和印刷品，具有百搭的气质。

可以细心观察一下平时看到的设计作品，是不是大多数用的都是非衬线体？非衬线体是黑体类字体。所以，如果实在不知道如何选择字体，就用黑体，通常错不了。

1234567890
ABCDEFGHIGKLMNOPQ
RSTUVWXYZ!@#$%^&*()

非衬线体属于现代字体，具有百搭的气质。

非衬线体几乎可以用于所有行业，不挑场景，所以设计师的可选择空间非常大。不论是衬线体还是非衬线体，在使用时都要记住一个原则：越是个性的字体，识别性就越弱，装饰性就越强。个性和功能是不可能兼备的，在选择字体的时候不要"迷路"。

3. 手写体

常见的手写体包括书法体、儿童体、钢笔字体等。手写体最大的特点是自由、不拘束，非常容易渲染画面氛围。手写体的识别性通常不高，装饰性比较强，适合烘托版式气氛。例如，在表达气势磅礴、自由洒脱的状态时，手写体是首选。遇到特定的项目也要选择特别的字体，如文艺类的画面，手写钢笔字体就比较合适。选用何种字体是由项目决定的，而并非设计师的个人喜好。

手写体常用于商务庆典、商超及电商类活动、传统节日的视觉宣传海报，还有传统文化表现、文艺小清新视觉、儿童母婴类用品宣传等。这里的手写体不仅指书法，也包括行体、楷体、篆体、钢笔字体、西文手写体等手写类型的字库字体。

读完前面这些内容，你可能会不由地感慨，原来字体的门道这么多。其实字体的知识远不止如此，如有兴趣可以去看专门讲解字体的书。这里讲的字体分类、应用场景等知识主要用于满足基本的版式设计工作需求。

2.6.2 字体的基本使用方法

在工作中，每一位设计师都需要对字体、字间距、行间距敏感。而现实中我接触过的很多设计师，包括从业很多年的设计师，他们对字体气质及间距没有感觉，更谈不上有概念。请记住，字间距会直接影响信息的传递效率。良好的字间距可以使阅读更轻松、信息识别率更高。

在生活中，导视牌字间距如果不合理，消费者可能要花很长的时间来读文字。如下面这两张图，虽说都能看懂，但是明显第一张识别率更高。版式设计要一目了然。字间距的设计在识别性方面起到了重要作用。

关于标题类字体的基本使用，以下这些方法是我亲自测试后得出来的数据，读者可以作为参考。但可能由于使用的软件不同，在参数设置上会有所区别。

1. 字间距设置演示

这里的参数是在 Illustrator 软件中以黑体字体为例展示的。

字 间 距 越 大， 阅 读 起 来 就 越 困 难　　　字间距过大

字间距越小，字体密度就越大，识别率也会降低　　　字间距过小

合理的字间距识别效率高，阅读轻松　　　字间距正常

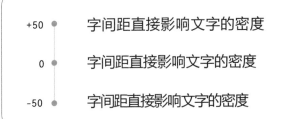

+50	字间距直接影响文字的密度
0	字间距直接影响文字的密度
-50	字间距直接影响文字的密度

-50 至 +50 之间是相对比较合理的间距设定参考值，图例中使用的是微软雅黑字体。

+300	字 间 距 直 接 影 响 文 字 的 密 度
+200	字 间 距 直 接 影 响 文 字 的 密 度
-100	字间距直接影响文字的密度

间距过小或过大都会影响阅读文字的体验感。过小太紧凑、过大太稀松，合理是最好的。不必死记硬背某个数值，要理解其中的道理。

2. 行间距设置演示

合理的行间距
字里行间的体验感都很舒适

字号 ×1.5

专业的设计师对字体、字间距、行间距是极其敏感的。但是很多设计师，包括从业多年的设计师对字体和间距没有概念，更谈不上正确的感觉。虽然字体使用不规范看起来并没有犯错误，但字体的间距会直接影响信息的传递效率。合理的字间距可以使阅读更轻松、信息识别率更高。

字号 ×1.8

专业的设计师对字体、字间距、行间距是极其敏感的。但是很多设计师，包括从业多年的设计师对字体和间距没有概念，更谈不上正确的感觉。虽然字体使用不规范看起来并没有犯错误，但字体的间距会直接影响信息的传递效率。合理的字间距可以使阅读更轻松、信息识别率更高。

字号 ×2

专业的设计师对字体、字间距、行间距是极其敏感的。但是很多设计师，包括从业多年的设计师对字体和间距没有概念，更谈不上正确的感觉。虽然字体使用不规范看起来并没有犯错误，但字体的间距会直接影响信息的传递效率。合理的字间距可以使阅读更轻松、信息识别率更高。

* 以上示例以微软雅黑字体为标准，其他字体也适用此数据。

行间距过大
不仅识别性差，还容易串行

字号 ×3

专业的设计师对字体、字间距、行间距是极其敏感的。但是

很多设计师，包括从业多年的设计师对字体和间距没有概念，

更谈不上正确的感觉。虽然字体使用不规范看起来并没有犯

错误，但字体的间距会直接影响信息的传递效率。合理的字

间距可以使阅读更轻松、信息识别率更高。

* 行间距过大的时候，降低了信息的识别效率，眼睛很辛苦，并且还不美观。非特殊需求不
推荐用字号的 3 倍及 3 倍以上的行间距。

行间距过小
识别性弱，阅读起来非常吃力

字号 ×0.9

专业的设计师对字体、字间距、行间距是极其敏感的。但是
很多设计师，包括从业多年的设计师对字体和间距没有概念，
更谈不上正确的感觉。虽然字体使用不规范看起来并没有犯
错误，但字体的间距会直接影响信息的传递效率。合理的字
间距可以使阅读更轻松、信息识别率更高。

* 行间距过小、文字过于紧密，会严重影响阅读体验。非特
殊要求，行间距建议不小于字号的 1.5 倍。

3. 日常使用间距参考数值

项目		字间距	行间距
数值		-20~10	字号的 1.5~2 倍
	注意：以最终视觉效果为准，数据仅供参考，通用于所有版面设计。		

* 这里所呈现的效果和方法是基于微软雅黑字体适配的。建议先按照案例演示做测试，感受
正确的字、行间距设置，再去尝试不同的字体、字号大小、间距的设置。

2.7 版式设计四大原则

门道与热闹的分水岭。

无规矩不成方圆，日常生活中经常会看到一些"经不起推敲，无规矩，不讲究"的版式设计作品，这样的作品常常会被客户责怪设计得太乱。想要设计出规范有序、实用性更强、一稿就过，甚至客户拍手叫好的专业作品，设计师需要做到心中有原则，即亲密性、对齐、重复、对比四大原则。其实那些"无规矩"的作品做得不好的原因在于对排版设计的基本原则没有系统、全面的认知。这也是很多非科班从业者的痛点。我自己在明白这些原则之前也是凭感觉乱来，导致设计的画面层级混乱、逻辑不合理、主体不明确，更做不到"一目了然"。即便这样，那时还沾沾自喜，以为自己做得不错。现在再去看那些作品，真的是经不起推敲。

四大原则不是羁绊更不是约束，是科学系统化的设计规则。

版式设计四大原则可以让设计更高效，更规范，更有秩序。所谓无规矩不成方圆，设计也是如此。如果你经验足够丰富、四大原则应用足够纯熟，就可以打破这个规则去大胆地创作，但前提是必须知道规则，否则就是"乱来"。

只有掌握了版式设计四大原则，版式设计才会有规可循，有据可依，有秩序和系统化可言。四大原则是相辅相成的，在后面的案例中会看到四大原则的相互作用及同时应用的状态，多数情况下，四大原则中的对齐、对比、亲密性是同时出现的。只有熟练掌握了版式设计的四大原则，才算具备了设计的基本技能。

2.7.1 亲密性原则

　　将图文分类，然后通过物理距离留白或者分隔来分区。类似抽屉原理：把相关的东西放到同一个抽屉，使用的时候更方便。版式中信息分层级的重要依据是重要信息、次要信息和其他辅助信息。亲密性更明确了信息的分类编组和归纳摆放。通过亲密性原则的分类可以让信息的条理性、实用性更强，更容易理解和分辨。

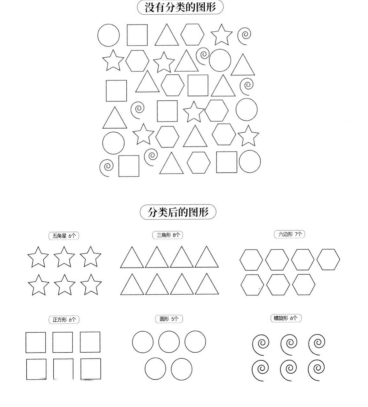

　　上方没有分类的图形按照外形分析整理后，变得有序清晰，版式设计也是这个原理，先通盘梳理所有信息，然后分门别类。

1. 有目的性的分门别类

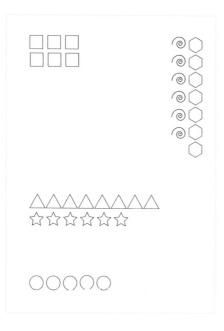

基于前面的分类，可以重新配置信息。例如，将螺旋形与六边形组合形成信息组，表示它们之间存在关联；将三角形与五角星编组，从而进一步简化元素的识别。版式设计中的亲密性原则就是经过通盘分析之后，将相关的信息拉近距离形成信息组。

无论模块元素如何组合搭配，都离不开基本的层级支持，更不可脱离整个项目的中心思想，即画面要传达的主要信息。由此可见，掌握了项目的中心思想就可以像搭积木一样改变信息组合方式。例如，在这个模型中，将正方形与多边形组合，然后将螺旋形、五角星、三角形组合在一起。将圆形单独分类表示其与其他形状没有关联。总之要以你的逻辑与判断为信息编组。

2. 亲密性原则在实际中的应用

凉菜类 / 炒菜类 / 汤类 / 主食			
毛豆	20 元	红烧鲫鱼	28 元
刀拍黄瓜	16 元	干锅包菜	22 元
凉拌木耳	18 元	回锅肉	18 元
话梅花生	16 元	家常豆腐	16 元
凉拌海蜇	20 元	鱼香肉丝	20 元
干炸小黄鱼	25 元	青椒肉丝	20 元
榨菜肉丝汤	10 元	米饭	2 元
西红柿鸡蛋汤	12 元	馒头	2 元
紫菜虾皮汤	10 元	馄饨	10 元
排骨玉米汤	35 元	水饺	15 元
萝卜鸡蛋汤	20 元	面条	18 元
冬瓜排骨汤	30 元		

凉菜类		炒菜类	
毛豆	20 元	红烧鲫鱼	28 元
刀拍黄瓜	16 元	干锅包菜	22 元
凉拌木耳	18 元	回锅肉	18 元
话梅花生	16 元	家常豆腐	16 元
凉拌海蜇	20 元	鱼香肉丝	20 元
干炸小黄鱼	25 元	青椒肉丝	20 元
汤类		**主食**	
榨菜肉丝汤	10 元	米饭	2 元
西红柿鸡蛋汤	12 元	馒头	2 元
紫菜虾皮汤	10 元	馄饨	10 元
排骨玉米汤	35 元	水饺	15 元
萝卜鸡蛋汤	20 元	面条	18 元
冬瓜排骨汤	30 元		

修改前　　　　　　　　　　　　　　　　　修改后

看上面的菜单，左边这张分类有点乱，识别率比较低。根据亲密性原则分类之后，可以很方便地找到菜单中的凉菜、炒菜、汤类和主食，这就是亲密性原则在排版中的作用。在实际操作中，仅用亲密性原则是无法满足整个排版需求的，所以这个版面中还应用了对齐和对比原则。由此可见，四大原则并不是单独使用的，很多时候都需要相互配合。

3. 亲密性原则原理呈现（一）

　　下面这张图的信息很显然是不存在视觉逻辑的，除了大字具有识别性，其他内容呈现的逻辑和效果是比较差的。我们无法在短时间内看完所有的信息。

错过今天 再等一年
夏日狂欢节
全民享实惠
特价商品不参加活动，数量有限先到先得。
TIME: 2021.10.19~20

修改前

　　修改后能够很轻松地识别出图片中的重要信息、次要信息及其他辅助信息。依据亲密性原则编排的版面层级逻辑合理，更易识别。

夏日狂欢节
全民享实惠
错过今天 再等一年

TIME: 2021.10.19~20
特价商品不参加活动，数量有限先到先得。

修改后

4. 亲密性原则原理呈现（二）

招商项目·优势

商贸城品类分布
B1超市
F1黄金珠宝 名牌首饰 美容日化
F2日用百货 箱包玩具 家纺文具
F3童装童鞋 母婴用品 家居内衣
F4精品男装 精品女装
F5品牌男装 品牌女装
F6 教育培训 儿童摄影
F7 美容院 电影院
F8 健身房 KTV 时尚餐饮
租赁条件及优惠政策
圣保隆商贸城采取租赁及租扣等多种合作模式，以
"妈妈式"服务为主导思想，最大程度扶持商户经营发
展，诚招各类商业项目，欢迎致电详谈。

修改前

　　左边是一张招商文案的排版。版面似乎排得没有问题，可就是让人感觉不舒服。原因是它的可识别性差，没耐心的人可能根本看不完，也就无法达到招商的目的。这就需要设计师用专业的知识来精心排版了。

招商项目 · 优势

商贸城品类分布

B1	超市
F1	黄金珠宝 名牌首饰 美容日化
F2	日用百货 箱包玩具 家纺文具
F3	童装童鞋 母婴用品 家居内衣
F4	精品男装 精品女装
F5	品牌男装 品牌女装
F6	教育培训 儿童摄影
F7	美容院 电影院
F8	健身房 KTV 时尚餐饮

租赁条件及优惠政策
圣保隆商贸城采取租赁及租加扣等多种合作模式，以"妈妈式"服务为主导思想，最大程度扶持商户经营发展，诚招各类商业项目，欢迎致电详谈。

修改后

　　修改后的版面信息明显有了区分，这里采用的区分原理就是亲密性原则。亲密性原则最关键的作用是将相关的信息分组、分类摆放，从而达到容易识别的目的。版面先有了层级清晰的基本功能，后续才可以进行添加色彩、表现气质的创意类操作。

5. 亲密性原则在画册中的应用实例

　　画册涉及的排版知识点很多，三大元素、主体、层级、逻辑、四大原则在画册的设计中均有体现。下面的画册内页是关于企业介绍的内容，由于没有对信息进行合理的分门别类，导致读者读起来很累。尽管它的信息量很大，看似没法从编排上下太多功夫，但这正是设计师的工作——让复杂的信息可以被轻松识别或阅读。下面的画册内页从阅读的功能性去看，是一个失败的作品。

提升品牌创造视觉传达力
团队有15年数字化营销专家，8年4A广告公司经验，多年来一直从事品牌研究、品牌管理及营销策略。线上品牌团队成员多出自4A和具有影响力的传媒公司。
Enhance the visual creativity of the brand
The team has 15 years of digital marketing experts, 8 years of 4A advertising company experience, has been engaged in brand research, brand management and marketing planning development for many years. Most of the online brand team members come from 4A and influential media companies.

多元化专业化的管理团队
公司现有30多人，管理层行业经验均超过10年，我们有不断创新的思维、模式、擅长执行的团队。团队由家居、家装、电商、短视频等业务部门组成，相辅相成，热爱电商行业，有多项实战案例，能够在多变的电子商务环境下快速成长、共同作战，保持行业的领先水平。
Enhance the visual communication of brand creation
The company has more than 30 people, and the management industry experience is more than 10 years. We have a continuously innovative thinking and model, and a team that is good at execution. The team is composed of household, home improvement, e-commerce, short video and other business divisions. It complements each other, loves the e-commerce industry, and has many practical cases. It can grow rapidly in a changing e-commerce environment and work together to maintain the industry's leading level.

创新并引领家居家装电商的新营销
以电商平台为入口，创造新的品牌价值。通过表达品牌特性，优化产品系列，升级服务体验，创新客户沟通，来创造新兴渠道营销的全新价值，全方位、立体化地实现品牌互联网化，并带动品牌渠道的升级和增长。
Innovate and lead the new marketing of home furnishing e-commerce
Take the e-commerce platform as the entrance and create new brand value. By expressing brand characteristics, optimizing product series, upgrading service experience, and innovating customer communication, we can create new value for emerging channel marketing, realize brand internetization in all directions and three dimensions, and promote the upgrading and growth of brand channels.

与阿里电商的资源优势紧密合作
与阿里的多个一级主管部门深入合作交流紧密，成功支撑多次家居家装新模式的尝试与持续运作。在全屋定制和家装行业，我们均为KA（核心）支撑商家。我们是淘宝极有家资深专家。
Work closely with the resource advantages of Alibaba e-commerce
In-depth cooperation and close communication with a number of first-level administrative departments of Ali have successfully supported many attempts and continuous operation of new models of home furnishing. In the whole house customization and home improvement industry, we are all KA (core) supporting merchants. We are a senior expert of Taobao.

修改前

　　信息量越大，整理起来越棘手。上面这个画册内页需要处理很多文字内容，没处理之前的内容是混杂在一起的，无法准确判断其中的层级，更无法获取到版面中的关键信息。此时就需要设计师依据层级关系进行加工处理，以达到轻松阅读的目的。

将相关的信息做分拆编组处理。例如，标题归纳到一起，内文的中英文用左右编排的形式，用大面积的留白将信息分割为四大板块，并对层级做清晰的区分。读者可以通过标题快速了解每一部分的核心信息。这就是亲密性原则在版式设计中的作用。编排只要涉及文案、图片，就少不了分门别类，前面讲的三大元素构成，只有构成还不行，还需要有原则来规范和约束。如此，设计才会让版面变得严谨、有序且清晰明了。

修改后

以上案例旨在让读者从多方面理解亲密性原则在版式设计中的应用。当然，亲密性原则的应用远不止于此，像电商设计、互联网设计、UI 设计、包装设计等平面设计相关的项目，都需要做信息梳理编排工作。这些都是版式设计中的基础，唯有把信息层级梳理清楚，才能更好地进行下一步工作。因此，设计师在开始设计之前，需要先使用亲密性原则梳理信息层级。

2.7.2 对齐原则

对齐原则在生活中非常常见。例如，大到停车场的车位线、马路上的双黄线及停车线、小区楼房的排列，小到超市货架物品的摆放、服装店衣服的叠放、个人物品的分类摆放，这些都符合对齐原则。所以说，设计和生活是息息相关的。一个人如果能把对齐原则掌握了，那么他的生活必然也会井然有序。强迫症在这里不是贬义词，在对齐原则上就是应该有强迫症的。设计师看见没对齐的情况会强迫自己去对齐，似乎都成了一种本能。

设计太乱没有头绪，信息混乱难以识别，该对齐的没有对齐，信息遍布版面的各个位置……这些都是没有掌握对齐原则导致的。设计师的工作需要严谨，稍微不严谨就容易出现混乱或者差错。

对齐原则的核心功能是将版面中的相关元素通过对齐的方式联系起来，提升内容识别率，使版面看起来更规范。网格系统、栅栏系统都遵循对齐原则。常用的对齐方式有 4 种：左对齐、右对齐、中对齐、环绕对齐。合格的版式中没有元素是独立存在的。遵循对齐原则，在信息之间建立关联，这样就不会随便摆放元素了。

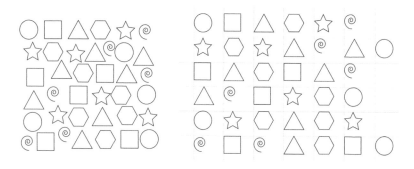

如上图所示，同样还是原来的图形，只是将元素简单地做了对齐处理，就能很明显地感觉到其中的秩序。这说明对齐具有规范的作用，那如何使其在版式设计中发挥更大的作用呢？

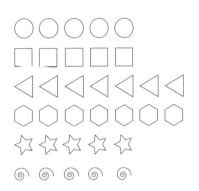

采用亲密性原则将同类的造型归类，再利用对齐原则将归类后的图形对齐，使随意的图形变得有秩序。亲密性原则和对齐原则不仅在设计中有用，在生活中也常能用到，如将物品有秩序地分类摆放。

1. 对齐原则的应用

修改前

假设版面中的色块是内容，那么修改前的它们是无序摆放的，目光需要在画面中来回多次才能看完所有内容。

修改后

将色块用对齐原则修改后，秩序感明显提升，几乎达到了一目了然的效果。

2. 常见的对齐方式

左对齐

左对齐是最好用、最常见的对齐方式。一般情况下，左对齐是设计师的首选，因为它最符合人的阅读习惯，识别性最强。

右对齐

右对齐相对比较个性，一般用于追求个性化视觉表现的版面。想要版式有创意、有设计感，可以选择右对齐的方式。

中对齐

中对齐是相对安全的对齐方式，视觉上比较四平八稳。偏正式、严肃的版式会选择中对齐的方式。

环绕对齐

环绕对齐也是一种极具个性和挑战性的对齐方式。环绕对齐适合现代、复古、日系风格，是近几年比较流行的对齐方式，目前在互联网设计中应用居多。

3. 实例演示多种对齐方式

左对齐

右对齐

中对齐

环绕对齐

4. 对齐原则的其他应用方式

　　千变万化的版式不可能脱离对齐原则，越多越复杂的元素就越需要有秩序，这就是对齐原则在版式中的作用。当然对齐原则也离不开与其他原则的配合。

对齐原则体现了一种严谨的设计态度。

设计师应该时刻牢记对齐原则，不论在工作中还是生活中，严谨终归是没错的。对齐原则会让设计作品有条理、有秩序，不再那么随意，品质会得到很大的提升。

在版式设计中尽量只用一种对齐方式，即全部左对齐、右对齐或全部双齐，因为对于初学者来说，过多地使用技巧会丢失原则。不论选用哪种对齐方式，版式中都不要出现孤立的、与其他元素没有关联的元素。

任何一种对齐方式的作用都是为了让版面的秩序感更强，同时，对齐原则提供的多种对齐方式，使版面的形式更丰富。

掌握了对齐原则再去做版式设计，会下意识地考虑元素之间的关联性和秩序感。可以说对齐原则的应用无处不在，希望读者在学习这些设计原则的时候尽可能多动手，理论结合实践。

2.7.3 重复原则

重复原则是指在页面中设计一些基础元素，如颜色、形状、材质、空间关系、线宽、字体和图片，以及一些几何元素等，并重复使用。

重复原则的应用是为了统一标准或强化视觉效果，多用于表现形式感。重复原则决定了版式设计中的和谐统一性，如字体形式的重复、字号大小的重复、色彩形式的重复、对齐方式的重复等。重复原则会使作品更规整，视觉秩序感更强，识别率更高。"重要的事情说三遍"，就是强调重复的意义。

例如一本书中的字号，标题用28号加粗、副标题用18号加粗、内文用8号常规，以此数据在全书中重复使用，就会形成统一的视觉标准。再如本书，每章开头使用两面红色版面、二级标题14磅粗体、三级标题10磅粗体、内文9磅常规，这四个标准重复使用就呈现出了统一的感觉。看到大面积的红色就知道新的一章开始了，每一页都和前一页保持相同的格式，包括天头地脚、边距的位置都是固定的。

1. 重复原则的原理解析

下图运用重复原则强化了标题，统一了字体，并且在标题前增加了装饰元素，对内文字号、间距做了统一。这些重复性的元素、形式及间距的设置就是重复原则的应用，重复促成了统一。

2. 重复原则的应用效果

招商项目 · 优势
INVESTMENT PROMOTION PROJECT

商贸城品类分布

B1	超市
F1	黄金珠宝 名牌首饰 美容日化
F2	日用百货 箱包玩具 家纺文具
F3	童装童鞋 母婴用品 家居内衣
F4	精品男装 精品女装
F5	品牌男装 品牌女装
F6	教育培训 儿童摄影
F7	美容院 电影院
F8	健身房 KTV 时尚餐饮

租赁条件及优惠政策

圣保隆商贸城采取租赁及租加扣等多种合作模式，以"妈妈式"服务为主导思想，最大程度扶持商户经营发展，诚招各类商业项目，欢迎致电详谈。

重复应用元素和形式

商贸城品类分布

租赁条件及优惠政策

F4	精品男装 精品女装
F5	品牌男装 品牌女装
F6	教育培训 儿童摄影

重复的标题形式不仅可以强化标题，还可以便于区分各种信息。重复的小标题数字搭配说明文字阅读起来更方便，想要的信息一目了然。

Eights spaces 2021

装修做好
就是一辈子
Decoration Is
A Lifetime

重复应用元素和形式

四个圆形的重复是一种很简单的识别方式，可以达到高效识别的目的。

2.7.4 对比原则

对比原则非常重要，因为有对比才会有差距，有对比才会有层级。许多设计师不敢用对比关系，因此导致版面的视觉层级混乱模糊。在版式设计中常见的对比形式有：高矮、胖瘦、粗细、远近、虚实、大小、深浅等。既然是对比，那么肯定要有非常明显的差距，如果对比关系不明显，就会导致画面太平，没有反差和冲击。因此，**对比一定要有强烈的反差**，记住这个前提，不要怕，要大胆地尝试对比关系。

在做版式设计时，10 号文字搭配 12 号文字对比效果很弱，10 号文字搭配 16 号文字对比效果肯定非常明显，如果再把 16 号文字加粗，那对比效果就更加明显了。配色同理，同色系配色给人的感觉比较和谐舒服，反差色配色或者对比色配色会给人带来强烈的刺激和活力感。这就是对比原则的作用。对比原则对处理版式中的层级关系是非常有效的。

设计没有层级、视觉冲击力差，多数是对比关系没有处理好。 主体突出全靠对比原则的应用，对比越强烈，关系越明确。对比原则通常不会单独使用，需要亲密性原则、对齐原则、重复原则的配合才能实现最佳的表现力。

1. 对比原则的原理解析

所有的元素都是一样的，无法区分谁轻谁重。

运用颜色对比手法将其中一个圆形突出，体现了对比原则的作用。

2. 对比原则在文字上的应用

　　第一张图是简单的文字罗列，并不存在对比关系，因此很难判断内容的层级关系。第二、三、四张图通过对比原则加强层级关系的对比，让视觉效果更强，识别度更高。

3. 对比原则在数字上的应用

对比原则在突出关键数字方面是非常好用的，当文案中有数字需要突出时，可以采用此方法来强化对比关系。

全球热销累计 **160万** 台   人群占比达 **88%**

下面两张版面效果最大的差别就是层级。左边版面运用了文字大小的对比形式；右边版面运用了虚实、颜色反差及字体差异等多种复合对比形式。建议大家在学习阶段先用简单的对比形式，然后逐渐增加。最重要的是，要确保版面信息的完整性，切忌为了对比而对比，一定要选择合适的对比关系。

4. 对比原则在画册中的应用

　　画册设计对四大原则的应用要求特别严格，稍有不慎就会出现表达偏差。例如下面这两页画册，虽然干净、整洁，但层级不清晰，画面虽然规整，但是关键信息没有体现出来。

　　通过梳理解析，将关键信息做了提取和强化，放大了图片，使版面信息层级更加清晰，逻辑性更强。调整版面的过程中不仅用到了对比原则，还用到了对齐原则和亲密性原则。

学习了四大原则，才能领悟版式设计的门道。

外行看热闹，内行看门道，此时你应该已经掌握了版式设计的门道。在此之前，你可能不会认为版式设计有门道，以为只是简单的排版，其实，版式设计的门道很多。通过学习，你已经了解了四大原则和三大元素的关系，接下来就需要运用四大原则去尝试编排三大元素。

2.7.5 小结

亲密性原则就是分门别类。根据亲密关系把相关的信息编组，再配合对比原则的比较，拉开距离，使版面信息主次分明、井然有序、互不干扰。

对齐原则赋予版式秩序。无规矩不成方圆，有了对齐原则，版式会变得更规整，元素之间的关联性更强，视觉效果更系统，信息识别度更高。

重复原则侧重于整体形式上的大统一。掌握了重复原则后，会在处理细节和整体的关系上更讲究，在系统化处理版式元素时更得心应手。规矩不是来限制设计师发挥的，它们的存在会让设计更科学。

对比原则可以让设计主次分明，表达更清晰，从而让人更容易识别，如路牌、LED广告牌、电商广告之类的设计都是简单醒目。对比越强烈，设计感就越明显。想要突出主体，就要想到对比关系，不仅有大小对比，还有虚实、远近、明暗、高低、方圆对比。总之，对比关系不明显，画面就会显得平淡，对比越是强烈，视觉效果就越强烈。

唯有真正理解了版式设计的四大原则才不会因无知而打破设计规则。**掌握了规则才有充分的自信去打破规则**。一切理论和排版形式都服务于版式的功能，脱离了实用性，再多技巧和理论都毫无意义。

2.8 版式中的点、线、面

　　点、线、面是平面构成的基础要素。可能会有读者问，前面的三大元素和这里的点、线、面是不是重复了？一般我们会认为点、线、面是装饰，是细节体现，这样理解其实不完全正确。三大元素中的文案、图形、图片也属于点、线、面。例如，可以将一个字看作一个点，一行字看作一条线，一段字看作一个面。一张图片、一个图形也可以看作一个面。

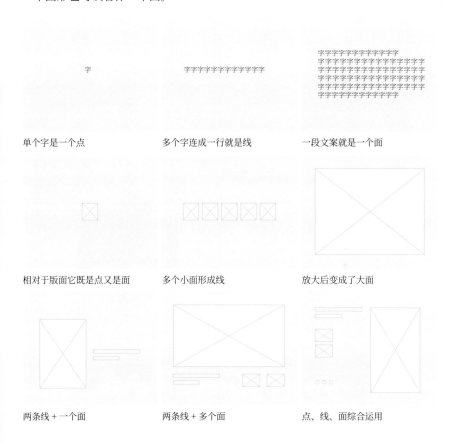

单个字是一个点　　　　　　多个字连成一行就是线　　　　　一段文案就是一个面

相对于版面它既是点又是面　　多个小面形成线　　　　　　　放大后变成了大面

两条线 + 一个面　　　　　　两条线 + 多个面　　　　　　　点、线、面综合运用

　　设计师应该对版式中的点、线、面有基本的认知。当然，点、线、面还有更大的作用，接下来通过一些实例演示来更深入地理解点、线、面的使用方法。

点、线、面是相对概念

"点多成线、线多成面"这个概念大家应该听说过。也就是说，一个字可以是一个点，放大后的点就是面，一行字可以理解为一条线。一段文字、一个色块、一块留白都可以理解为面。它们是相互比较出来的结果。

2.8.1 点的功能与作用

点的功能是调节版面氛围，当版面显得呆板或者安静的时候加入点元素，会使画面变得活泼和热闹。这里谈到的点并非传统意义上的一个点，它可以是一个字符、一个色块、一个图形等。

前面讲到点、线、面的关系是比较出来的，任何一个元素都无法单独存在，至少要有两个元素对比。图 1 中的圆形相对于版面来说是点；图 2 中的两个圆相比较，大圆是面，小圆是点；图 3 中多个点一字排开，相对于版面变成了线；图 4 中用大小不一的圆点对比，让画面变得热闹。

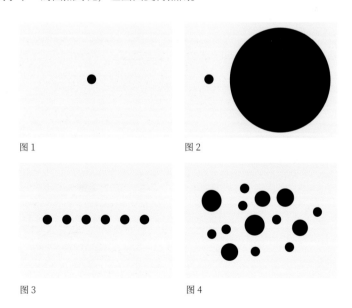

图 1

图 2

图 3

图 4

1. 点的应用效果

当版面中的内容偏少时，点可以作为装饰元素烘托版面气氛，使版面变得热闹。点可以是字、图形等能起到点缀烘托作用的元素。

在画册设计中也会用到点元素。例如，下面画册中的数字在版面中就扮演着点的角色，既有引导作用，又有表现画面节奏的作用。画册左页的图标同样也是为了丰富画面效果而存在的。

2. 点在设计中的应用

点的应用场景还有许多。例如下面的两张图，左边这张看起来比较中规中矩，而右图将字母 R 做了点状化处理，版面变得热闹很多。打破宁静，是点的作用之一。

文案不变，用"点+面"的形式改变版面的气质。因为点的形式多种多样，所以使用时要慎重，切忌过度使用点元素，一定要结合项目的实际需要有选择性地添加。

下面两张图是相对比较夸张的视觉效果。这里只是为了体现点的多样性应用，未必真正符合项目的要求，旨在让读者明白点元素的使用应该是克制的，是感性加理性的结果。

下面两张图就明显很克制地在使用点元素，也可以看出点元素在调节版式细节及气质方面有着关键性的作用。当然有时候也需要线元素的配合，线也有装饰的作用。

2.8.2 线的形态和原理

点多成线，线就是点滑动的轨迹。在版式设计中常见的线有直线、曲线、虚线、曲折线、弧线等。每一条线都是由多个点构成的，通过虚线看是最容易理解的。如果将一个字看作一个点的话，那么一行字就是一条线。

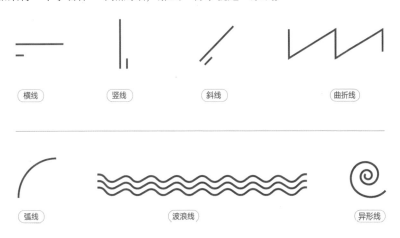

| 横线 | 竖线 | 斜线 | 曲折线 |

| 弧线 | 波浪线 | 异形线 |

1. 线的特征变化

线除了曲直形态上的不同，在特征上的变化也是多样的，常见的形式有粗线、细线，也有一些特殊图形构成的线。其实点、线、面之间没有绝对的分界线。点是构成线的基础，是点还是线完全取决于点的密度。点在一个方向上的密度越高，就越接近于线。

2. 线的作用

线具有装饰作用，还有强化分割及引导的作用。不同种类的线有不同的用途，把线用对才能锦上添花。

线可以把信息分隔开。例如，做表格设计、内容阐述类设计都可以用线来分隔。

这张图同样也用到了线。用到的是隐形的对齐线，也就是视觉线。

下面这两张图都体现了线的装饰作用。线的不同形式所表达的视觉效果不同，不同的线应用在不同的版式中给人的感受也是不一样的。因此用线要慎重。

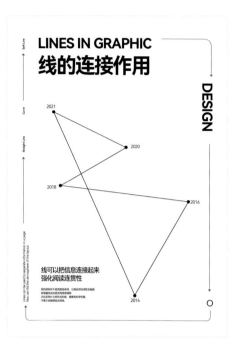

用线引导视线的设计方式读者应该不陌生。手机导航的地图线就是典型的用线来连接引导的设计。版式设计中的关键信息也需要用线来作连接指引。

线的形式感非常多，由于篇幅有限就不展开演示了。读者需要明白，线的应用范围是非常广泛的，这里旨在拓宽大家对线的认知。

3. 线在设计中的应用

线的应用应该是克制的，不可盲目添加。

一些设计师在版式设计中会刻意地加线。请记住，千万不要习惯性地处处加线，要理解线的功能和作用，根据版式的实际需求添加。

2.8.3 面的原理和形态

点多成线、线多成面，可以将面理解为点、线的升华。版式中的主体就是典型的大面，因为它所占的面积最大，能起到关键引导作用。小面的主要功能是装饰，由于点、线、面是相对概念，当小面相对大面的时候，可以将小面看作点，其作用就是装饰。有时候版面中不止有一个面，可能会出现多个面，这时最大的面就是主体，是版面中的主角，相对小的面或者元素都服务于主体。

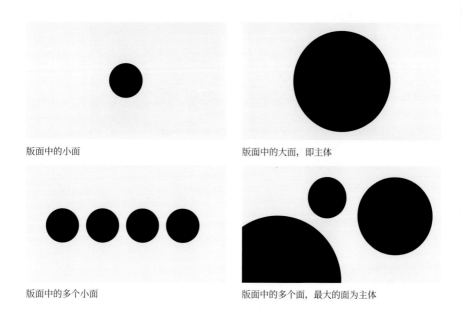

版面中的小面

版面中的大面，即主体

版面中的多个小面

版面中的多个面，最大的面为主体

面的作用

版式中的面越多，版面就越丰富，说明面也具有丰富版面的作用。版式中的面不仅是整块图形或者图片，特定情况下字符也可以看作面，一段文字也可以看作是面，一切都是对比出来的结果。

色块形式不局限于圆形，也可以是方形或是异形，还可以是人物、动物或产品，只要能表现面积感的都可以。

将文本组作为面的形式是很常用的，尤其是标题，常常需要把字体加粗加大呈现。

敢于把单字当图形使用的设计绝对是够大胆的。新手设计师不敢用没关系，可以多看、多欣赏，看多了自然会知道如何应用。

当画面给人的感受比较呆板不活跃的时候，可以用大面和小面对比的形式来调节版面氛围。

　　本书用大量的案例来展示点、线、面的应用，但面的呈现形式实在太多，本书很难把所有的形式都展现出来，所列举的案例仅供大家参考。版式设计的这一层窗户纸，有人帮你点破了以后，会发现它其实并没有那么难。现在你能从上面这张图中看出什么门道呢？图中应用了哪些知识，为什么这么排版呢？相信现在的你可以看得懂，前面所讲的知识点都在这个设计作品中有所体现。此时你不用感慨自己为什么做不到，先问自己有没有去做。如果你能看懂，而没有动手去做，只能说明你已经学会了看设计，动手能力还未知。

　　希望这本书能让读者学会用科学的方法做设计。不论是四大原则，还是点、线、面形式的变化，希望读者能从中总结出适合自己的设计方法。建议读者在理解了知识的同时，更要懂得从自身的条件和工作状态出发，选择性地使用本书中的设计方法。

2.8.4 讲究细节从点、线、面开始

点、线、面的作用是为了装饰和丰富画面，为版面锦上添花。它们相当于日常生活中的调味品，有之会更丰富，没有也能凑合。专业设计师要讲究在细节方面的雕琢，所谓设计师讲究的"细节"，其实主要指点、线、面的应用。基础结构人人都可以做到，但是想要做得更丰富还需加强练习点、线、面的应用。

换一个角度去理解，其实所有版式都是点、线、面关系的综合呈现，抛开四大原则和三大元素，单纯地谈点、线、面是无法构成设计的。将版式设计中看似错综复杂的逻辑关系梳理清楚之后再做设计，才会更加得心应手。

点、线、面和四大原则是相辅相成的，在版式设计中是同时存在的。四大原则会让作品更专业、更科学、更规范；点、线、面的装饰，会让画面更饱满、更丰富。这些知识点要想全面掌握，就必须多看、多动手，随时随地提醒自己多多关注版式中的细节。

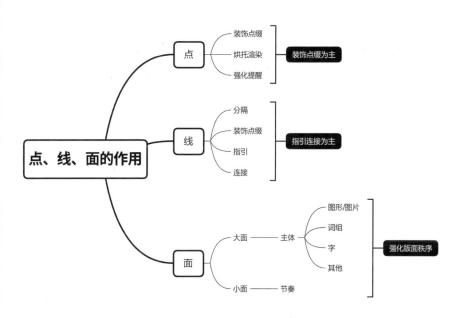

2.9 成熟版式的五个基本条件

从最基本的层级、逻辑、字体、三大元素、四大原则再到点线面，看似很简单的版面设计，其实涵盖了很多专业的知识点。这一节将讲解成熟版式的五个基本条件，让人人都学会评判设计作品。

好用又好看的设计才是好设计。

如何科学判断一张设计稿是否合格呢？有没有一套明确的标准？可以有标准，但是没有标准答案，也不会有绝对答案。我从日常课堂训练中总结出来五个基本判断条件，经过多年的验证，如果一个设计的版面基本符合这五个条件，那一般不会太差。这五个条件的重要依据是内容服务于形式，好用为先，功能优先。这是说形式美感不重要吗？当然不是，但是如果一张设计图连最基本的功能都满足不了，形式美感又有何用？把形式美感放在后面并不代表忽略不计，而是先好用，之后再好看。

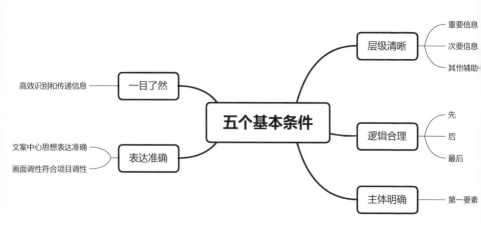

2.9.1 层级清晰

版式设计就是将**重要信息、次要信息、其他信息**分门别类地编排，引导受众按照编排后的层级顺序了解信息。这是排版工作的第一步，这一步处理不好，后面就没办法进行了。所以，创作的前提是信息层级必须清晰。

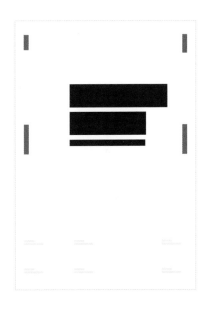

重要信息　　　　　次要信息　　　　　其他辅助信息

看版式设计不要先看形式，而要先看内容层级关系，黑色代表重要信息，灰色代表次要信息，浅灰色代表其他辅助信息，次要信息和其他辅助信息均服务于重要信息。版式设计是否合格的第一要素是信息层级是否清晰。

2.9.2 逻辑合理

视觉逻辑需要基于正确的层级关系，逻辑决定着版面中的视觉阅读规律。合理的编排逻辑可以使版面有确定的开始和结尾。

观察下面两张图可以发现，左边的版式设计逻辑混乱，在阅读信息的过程中不符合人们"从左到右，从上到下"的一般阅读习惯，需要多次视觉跳跃才能读完所有信息，违背信息高效传递的原则；右边的版式运用亲密性原则将相关的信息拉近编组，用物理距离拉开信息之间的距离，依据信息主次层级关系重新构建了视觉逻辑，阅读明显顺畅了。所以，应该先把版面的视觉逻辑构建好再去追求个性。设计就是不断制造冲突并解决冲突的过程。

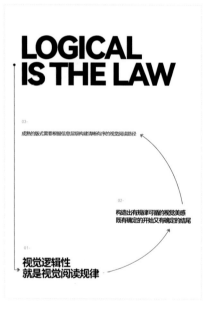

2.9.3 主体明确

主体明确是版式设计中极其关键的要素。如果客户责怪我们做的画面不够"吸引人"，那么多数是因为主体不明确，就是面积最大的元素和其他元素的对比不够强烈。懂得了对比原则，在处理主体关系的时候才会更有把握。同理，主体越突出，设计传播力就越强，反之就越弱。客户当然是希望版面的传播力越高越好，所以主体明确这个基本条件是必不可少的。不论是自己做设计，还是评判别人的作品，必须关注到主体元素。

主体元素可以是人物、动物、物体、图形、图片、字体等，它是面积最大、最突出的元素。

刚接触设计的时候我经常被客户要求改稿，我搞不懂为什么总是改。在做设计第 8 年的时候我才明白，只有真正理解了消费者的需求，才能把设计做准、做对，设计并不是按自己的喜好随意排版。例如，用"开业大吉，全场 5 折"简单的 8 个字做一个版式设计，很多读者一看文案就开始纠结，应该突出什么？全靠感觉去蒙、去试，有没有方法快速定位呢？当然有，还不止一种。

1.向客户请教。

2.带着消费者思维分析文案。在这 8 个字中突出"全场 5 折"，弱化"开业大吉"。

因为消费者不会关心是否开业，只关心能不能享受到真正的优惠。谁能拒绝得了优惠呢？看见 5 折自然就会有人来，开业活动需要的客流量就有了。

　　生活中这样的案例很多，电商也是利用这样的心理来做设计，这并不是设计师提出来的逻辑，而是基本的用户心理。这样的设计就很容易把道理讲通，在提交方案的时候，给客户讲清楚设计的原因，让客户更信任你的专业能力。信息表达精准了，传播效果就会实现，客户也会满意。一个设计作品是设计师和客户的共同杰作，它不是独属于某个人的成果。

　　尝试举一反三，想想是不是任何项目都可以参照此方法，去深挖受众的需求并剖析文案信息的关键点呢？表达一定要准确，不能跑偏，不然就会事倍功半。

2.9.4　一目了然

　　一个版面如果三秒钟都无法找到核心内容，说明这个设计是失败的。三秒定律，本质上是强调视觉的高效识别。

　　假设要设计一张街边海报，首先要做到高效识别、一目了然，然后是美感。如果仅考虑美观性，不考虑功能性，那么这张海报必然不会成功。实际场景中人是动的，海报是静的，必须在最短的时间内让路人看懂版面信息，楼宇广告和电梯广告也是如此。所以，在版式设计中，一目了然是基本条件之一。例如左边这张海报，重要信息放大突出要抢眼，次要信息即上面的标题，说明海报要表达的意图，其他信息即小字的内容，是需要花时间阅读的不太重要的信息。

2.9.5 表达准确

设计是用来解决问题的，而非制造问题。聪明的设计师总会想方设法地帮客户解决问题。设计不仅要符合实际的商业诉求，更要表达得清晰、准确。除了识别性还要重视文案的中心思想。信息时代需要信息高速传播，所以迅速、准确的表达是设计的关键。例如，下面这张海报突出展示了"SALE""99"这两个关键信息，可以使观者一目了然地理解海报内容。版式设计是需要全面平衡、通盘考虑的工作，稍有偏差可能就是另外一个意思了。

这是一张毫无头绪的设计，我们很难一眼就从中获取关键信息，这样的失败设计并不少见。

用亲密性原则做分类，然后用对比原则强化关键信息，达到一目了然的目的。

我经常提醒学员不要死板教条，应该用心理解知识。虽然不能用做艺术的随性思想去做商业设计，但是在商业设计中是允许存在艺术手法的，如插画、油画、三维艺术造型与商业设计的结合应用都非常普遍。大家在运用五个基本条件做设计的时候要学会判断，活学活用才是正解！

2.10 浅谈网格与栅格系统

网格系统的解读版本非常多，下面分享下我对网格系统的理解。网格系统的主要作用是让版式更规范、更科学、更有秩序。目前传统印刷排版、互联网设计、UI界面设计、VI设计都在使用网格系统做规范，它是个辅助工具，相当于装修师傅的靠尺、厨师的菜刀、马路上的虚实线。好的工具可以大大提升生产效率，同时也能提升输出品质。

网格系统是规范页面的工具。

内容决定版式、内容决定网格，一切形式都服务于内容，切勿简单粗暴地拿着网格套内容。当内容确定好，基本层级梳理清晰，先绘制好草图，再根据内容制定相对应的网格。网格的大小、数量也是由内容决定的，一般情况下双数居多。网格不一定必须是正方形。不同的开本、不同的内容，网格分割后的比例是不一样的。网格间距由字体大小和行间距决定。

1. 使用网格做设计的基本流程

基础信息梳理 - 草图绘制 - 基础排版 - 基于网格规范版面。

2. 网格在海报版式中的使用

在做版式设计时遵循网格系统来编排会使整体版面严谨、规范。

信息层级不改变的情况下，利用网格系统设置好的方格比例，上下或左右移动元素，还可以根据比例调整元素的大小，这样版式就会产生多样的变化。由此可见网格系统还可以辅助版式变化。

3. 栅格系统在海报中的应用

栅格相对于网格的使用面更广，用起来也更方便，与网格系统使用的逻辑基本相通。栅格多用于电商、网页及画册版式设计。设计作品是由内容来决定设计形式及设计逻辑，万变不离其宗。栅格的介入会让设计作品更科学、视觉更美观、秩序感更强，操作起来更快捷。

4. 常见栅格形式

任何一种形式的栅格都是在确定版心的前提下绘制的。版心就是除了天头地脚中间排布内容的部分。常见栅格形式有单栏、双栏、多栏。下面图例展示了几种常见的栅格形式。在这里大家只需要简单了解有栅格这个工具即可，在下一章中会详细解释如何使用。

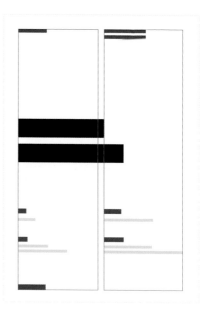

单栏和双栏是常用的形式。

 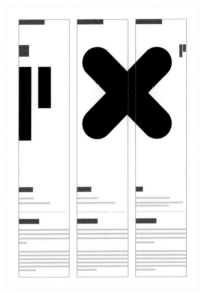

三栏和多栏适合内容比较多的项目，可以使版面有更多变化。

动手之前先动脑

凡事都有两面性，很多同学容易在设计时被网格系统限制发挥，感觉被框住了，变化不了，此时你就要审视一下是不是流程搞反了。不要先考虑网格系统，应该先梳理内容，在草稿纸上做草图，确定好基本的层级、逻辑、主体、留白，再加入网格系统，然后用梳理好的逻辑关系去做变化，这才是正确的操作流程。

2.11 本章小结

理论知识是设计技法的根基，也决定着设计师作品质量的上限，学会用科学的方法做版式设计是这章的核心内容。从三大元素到四大原则以及成熟版式的五个基本条件都是在解析与论证科学的排版方式。掌握了正确的方法将提高设计师做版式设计的效率和品质，最终成长为有思想的设计师。

系统化学习才能真正地掌握核心技术。学以致用，才算是真正的内化。

术业有专攻，专业的人做专业的事，设计亦是如此。

第 3 章

实践出真知

　　"一看就会，一做就废"，这或许是大多初入设计行业同学的一个痛点。为了解决这个问题，我花了近 4 年时间去实践、研究、论证，终于有了一点心得。本章将从实际操作出发，突破一个个难点，让你真正学会做设计。

3.1 临摹优秀版式的技巧

临摹在绘画、书法领域是非常普遍的学习方式,版式设计也是一样,没有师傅带你学习的时候,模仿别人是最有效的学习方式。临摹的过程中会发现自身的问题,随着认知宽度和深度的变化,这些问题会慢慢解决。前面花了大量的篇幅讲解理论知识,接下来是实践练兵阶段。强调一下,临摹不是照着做个差不多的样子就行,而是要做到几乎完全复制,这非常考验设计师对细节的把控能力。

3.1.1 尝试整理信息

动手之前先动脑,设计的方方面面都要考虑进去。虽然看起来先动脑让流程复杂了,但是做起来的时候效率会变高。

初步掌握重要信息、次要信息和其他辅助信息。全面掌握了信息的中心思想和逻辑之后,再着手设计就比较轻松了。

海报文案信息

拾趣童梦旋律
PICK UP FUN CHILDREN'S
DREAM MELODY

01 ——————————————— 重要信息

拾趣童梦旋律
PICK UP FUN CHILDREN'S DREAM MELODY

02 ——————————————— 次要信息

尤克里里彩绘 / 弹奏音乐艺术公开课
2021 ART OPEN CLASS

尤克里里彩绘/弹奏音乐艺术公开课
2021 ART OPEN CLASS

03 ——————————————— 其他辅助信息

活动时间:2021 年 3 月 2 日 下午 3 点
活动地点:中国 XX 城 XX 街营销中心三楼
联系方式:100-8669-XXXX

活动时间
2021年3月2日 下午3点　　活动地点
中国XX城XX街营销中心三楼　　联系方式
100-8669-XXXX

3.1.2 找一张简单的参考图

在"2.9 成熟版式的五个基本条件"中讲过，成熟版式要做到层级清晰、逻辑合理、主体明确、一目了然、表达准确。所以，临摹前要先判断下参考图是否符合五个基本条件，然后开始拆解版式，重点关注参考图的层级关系。建议初次临摹不要参照太复杂的作品，尽量参考纯文字版式或以简单的图片/图形＋文字排版的作品。

找参考图时要以练习项目文案、图片的层级关系为主。如果练习的文案有三个层级，那就尽可能找三个层级的参考图。如果练习的文案属于产品介绍类，那就尽可能往产品介绍类的方向靠近。刚开始不要找视觉逻辑过于复杂的参考图。

1. 参考版式信息层级

01 ——————————————— 重要信息

快乐童年秀
HAPPY CHILDHOOD SHOW

02 ——————————————— 次要信息

High quality and reliable Online learning coaching platform
高品质在线学习辅导平台

03 ——————————————— 其他辅助信息

高品质、可信赖、在线学、学得快

2. 初学者如何快速找到合适的参考

(信息量与实际项目相近)　(视觉逻辑简单)　(首选纯文字排版)

(参考同行业同属性)　(首选简单明了)　(色彩尽量简单)

注意：以上只是指导建议，仅供参考，先易后难是很好的学习方式。

3. 拆解版式结构

结构就是版式的骨架，好的版式设计不仅要层级清晰，更要有一个好的结构。拆解版式结构就是要把一个合格版式中的结构做进一步拆解，彻底拆解之后能更好地理解其中的逻辑。

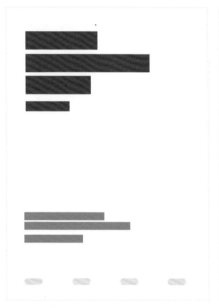

01. 拆解信息层级

02. 拆解图形 / 图片结构

4. 动手临摹练习

运用前面学到的知识，确定版式中的主体元素和其他元素，整个版式的骨架就出来了。接下来依照这个骨架置入整理好的信息。因为信息是按照参考图的层级排列的，所以在确定信息位置的时候就不需要太费脑筋。这就是借助别人的布局做自己的设计。

01. 将相关信息按照参考图的层级排列

02. 进一步完善细节，尽可能做到相近

5. 多看一些临摹案例

在临摹训练初期不建议大家在参考图的基础上作太大的改变，因为在学习阶段，主要培养设计师对层级、主体、点线面的驾驭能力，等到熟练了以后再去玩变化。

参考图 临摹效果

参考图 临摹效果

参考图   临摹效果

　　希望大家从最简单的版式开始练习，逐步地增加难度。有时候看似简单的设计，真正动手做的时候就会发现并不是想象的那么容易。有些读者上手就临摹很复杂的作品，结果把自己给难住了，**最后就是简单的版式看不上，难的完不成。由易到难，由量变达到质变，需要一个过程。**

临摹过程中需要特别注意的细节。

　　1.字体大小，字的行、段间距尽量和参考图保持一致。

　　2.层级、逻辑、主体关系尽量向参考图靠近。

　　3.配色也要参考参考图。

　　4.整体审查是否符合成熟版式的五个基本条件。

3.2 巧妙玩转留白

拿捏版式中的细节，其实就是考验设计师对留白尺度的掌控能力。

这里又讲到留白是为了让初学者对留白的理解更透彻。每个设计师都有过模仿优秀设计的经历，模仿过程中会发现明明照着做了，可是怎么看都不像，但是又不知道问题出在了哪里。这里的主要原因是字里行间的留白比例没有控制好。留白越多画面就会越空，留白越多高级感越强烈，留白可以突出强调主体元素。此外，字与字、行与行、段与段之间的物理间隔也就是留白，决定着版式整体质感，这些是细节的体现。

下面左右两张图你能看出细节上的变化吗？显然右边的更精致，细节拿捏得更到位，这就是元素之间留白的多少起到的关键作用。其实人人都可以做好版式，而经验丰富的设计师更注重版式元素之间的细节处理。优秀作品重在雕琢细节。

要想成为专业的版式设计师，就必须对版式中的留白细节极其敏感，这是高手与新手最大的差别。所以建议大家结合自身的能力，有选择性地尝试去改变设计习惯，不妨找一幅作品，试一试按照下面图例修改比较一下，感受留白对画面品质的影响。版式设计中留白的多少并不是由数据决定的，更不是靠感觉随意摆出来的，它是由内容决定的，所以内容决定形式。所有的技巧、设计手法及留白的多少都是由项目内容决定的。留白越多画面越通透，反之则拥挤和饱满。

学会驾驭留白，你离高手又近一步。

留白是一门艺术，考验设计师对空间的驾驭能力。曾经我也疑惑，为什么同样的文案，高手做出来的画面有气质，而我做出来的就平平无奇呢？我一直以为是因为自己的学历太低，后来开始长时间的临摹，才渐渐明白其中的道理。没人能一口吃成胖子，设计也是要一点一滴累积的。多做临摹练习，再结合书本的理论知识去尝试独立做设计，相信你会有一个很明显的提升。

3.3 版式设计的完整流程

规范的版式设计流程不仅可以提升设计效率，还能保证作品质量，更能提升设计师的团队配合能力，让设计更轻松。本节将对前面学过的知识点做串联和整合，通过对六步（整理信息、编排设计、雕琢细节、复盘检查、输出提案、交付文件）设计流程的讲解，让设计师全面掌握版式设计从零到交付的完整流程，从而更科学、更规范地输出设计作品。

系统化掌握设计流程是每位设计师都需要了解的，因为野蛮、粗犷的生产方式并不能满足市场的需求。目前市场上的多数设计项目是团队共同创作，它不是一个人能完成的。例如，UI 设计的版式视觉设计只是其中的一个板块，这个板块中又细化出很多生产规则，设计师要胜任这份工作就需要具备系统化生产思维和团队协作能力。在求职的时候，面试官也会要求设计师具备良好的逻辑思维和交付能力，因为设计师的综合生产能力决定着项目的质量和效率。

独立设计师和不需要团队协作的设计师更有必要认真学习这套版式设计流程，来提高自己的工作效率。我把设计中会遇到的常见问题都写进了流程中，它可以让你避免一些非必要改稿，提高过稿率。

3.3.1 整理信息

还是那句话，"动手之前先动脑"，做任何事情都是这样的。在整理信息阶段，首先梳理出条目、主题、中心思想及主体形式（纯文字，还是配图形 / 图片），然后深挖项目的诉求，最后绘制草图。设计前期必须和团队及客户全面沟通，有的大项目甚至要开现场会议对接，毕竟设计不是设计师一个人的事情，是需要和客户共同来完成的。

计算机只是实现想法的工具，要在打开软件前就想好该怎么做。事实上，很多设计师还没想好如何设计就开始在软件上浪费时间，甚至一开始就去找参考图模仿，这是不可取的。下页图是我在实战经验中总结的思维导图。

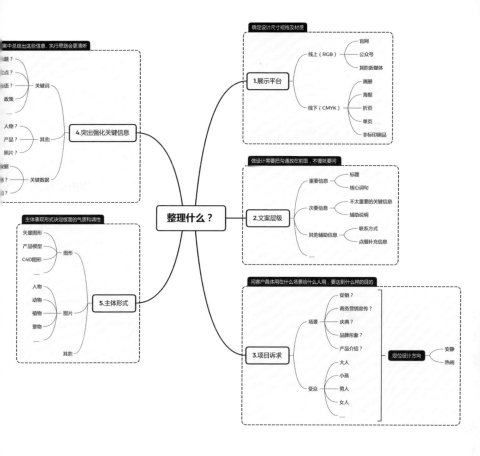

这个整理思路适用于大部分的设计。全面了解信息之后再动手操作，思路会更清晰，效率也会更高，还可以避免因设计不符合要求而造成的多次改稿，远好过于先动手后动脑。做设计有点像医生看病，各种检查做完，确诊后才对症下药。所以，做设计前一定要充分了解实际项目的需求，全方位、多维度地考虑后再动手。

3.3.2 编排设计

第一步完成后可以打开设计软件。在编排设计这一步要出黑白稿，不要添加任何颜色，以免影响对设计效果的判断。把梳理好的信息按层级依次编排，满足五个基本条件（层级清晰、逻辑合理、主体明确、一目了然、表达准确）。这一步不用想太多，形式感、色彩、技巧暂时不需要考虑，清爽的白底黑字即可，为下一步雕琢细节做准备。

IMPORTANT INFORMATION STANDS OUT

重要的信息突出

次要的信息次突出
Secondary information is secondary

其他辅助信息细小其他辅助信息细小其他辅助信息细小

Other auxiliary information is narrowed. Other auxiliary information is narrowed.
Other auxiliary information is narrowed.

用简单的排版，将前期的信息分析工作落地，为下一步雕琢、上色打好基础。这一步相当于建出一个毛坯房，暂时还没有装修。

3.3.3 雕琢细节

雕琢细节需要强化版式的气质、色彩，优化留白负空间和点线面的装饰，添加背景肌理，确认字体调性，规范网格系统。按照规范的流程操作会提升出稿效率，同理按照规范流程进行的团队协作也是很高效的。例如有负责搭建基础架构的、有负责梳理文案的、有负责雕琢细节的，这样的话团队的生产效率可以成倍地提升，并且出错率还很低。现实情况是大多数设计师单打独斗，做设计的同时还要跟客户"斗智斗勇"。如果有条件的话，尽可能按照规范做事，这样会轻松很多。

这一步是最费精力的，初次操作可能会比较吃力，不必紧张，突破了这一关就好了。下页的思维导图介绍了每一步的工作及执行目标，按照流程去做即可。

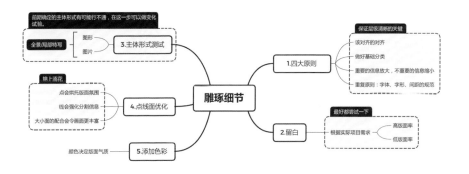

优化细节 -1   优化细节 -2   优化细节 -3

把四大原则、三大元素、点线面关系及字体知识全部集中体现在一个版面上，根据上述雕琢细节的流程一步一步地进行设计是十分直接高效的，而且效果清晰明了。

3.3.4 复盘检查

设计呈现给客户之前一定要做复盘检查。团队中一般由总监进行整体把关，也有设计师直接与客户对接的情况，不论是谁与客户对接，复盘检查必不可少。

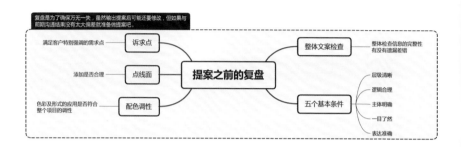

做完复盘检查后，才可以进行下一步提案工作。不论是一张海报还是一张名片，整个设计流程都是一样的。我的朋友或客户找我做设计时经常会说："随便排一下，分分钟就搞出来了。"我会很明确地告诉他们，项目不分大小，流程和时间成本都差不多，分析整理、编排、配色、检查、输出，少哪一步都不行。例如，厨师不可能因为客人催促着上菜而不检查生熟就把菜端上桌，那是极不负责任的行为。

3.3.5 输出提案

检查完毕就可以整体输出交付了。以 PPT 或长页的形式做项目设计理念、样机效果图提案。提案里必须阐明设计思路，不要让客户去猜测你的设计理念，尽可能地让作品说话。输出提案的时候一定要把握主动权。客户找你来解决问题，就是认可你的能力，只要你的设计理念是站在帮客户解决问题的角度，他们就一定会接受你的方案。这一步最能体现设计师的能力，同时也代表着设计师的专业度，提案做得好才能打动客户，毕竟他们看不见设计过程。

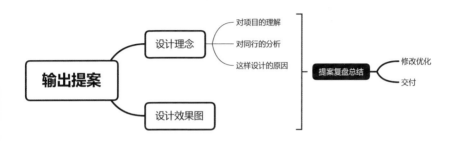

不要怕被反驳，更不要怕反复修改。要相信客户提出他们的需求一定有他们的道理，毕竟他们最了解自己的行业或者产品，他们是设计作品的直接使用者。设计师的职责是在满足客户诉求的基础上尽量做得合理、好看。其实设计师的每一个项目都是一次学习，要成为有经验的设计师，多学多做是必经之路。

竖版效果

横版效果

3.3.6 交付文件

客户定稿后需要设计师交付压缩后的文件，一般包括：源文件、PDF 阅览文件、定稿设计提案、相关素材和字体。这样客户后续想要自行修改或委托第三方修改都非常方便。不过有时候客户可能也会遇到一些不专业的第三方，那就只有具体问题具体对待了。例如之前遇到一个客户，我按照规范给他打包了源文件、素材和字体，结果还莫名其妙回来责怪我交付不完整，后来配合他们找原因，其实是第三方广告公司不专业，没有安装字体，字体识别不了，所以说我的方案缺字。当然，有误会，解释清楚就好了。就怕莫名其妙被判死刑，连解释的机会都没有。所以，尽善尽美吧！努力了，不留遗憾，剩下的交给天意。

阅览文件　　　　源文件＋素材＋字体　　　　×××项目 .zip

刚开始可能不习惯这样的设计流程，做多了就习惯了。习惯的培养或改变不是那么容易的事情，先从小项目慢慢来，做得多了就好了。我的学员为什么出稿会很快？快到几个小时做一本 12P 的画册（常规要 3~5 天）。这就是长期训练并严格遵守设计流程的成果。当然也有一些坚持不下来的，到最后发现做事效率低，修改率高，最终还是要回头来规范流程，只有流程规范了，效率才会提高，只有科学理性的沟通并且理解到位，改稿的频率才会降低。由此可见，学设计和做设计是有规律可循的，但是没有捷径可走。唯有坚持学习和持续练习才能获得成效。

3.4 做原创设计

版式临摹的技巧是每个设计师成长阶段的必修课，也可以算作启蒙。它有助于设计师基本功的训练，如层级、逻辑、三大元素、四大原则、点线面这些理论知识，都可以在临摹实践中真正地理解。但临摹不是长久之计，终有一天要学会做原创设计。

虽说临摹是最有效的学习方法，但是请勿带入工作中，当作日常练习即可。临摹意在让非科班的读者快速入门，迅速提升自己的设计能力，但是一味地临摹就会失去创作力，设计师还要有自主创新能力和驾驭项目的能力。设计师的成长要经历四个阶段——临摹、改造、再造、创造。本节将通过一些小方法来教大家不再依赖临摹，做原创设计。

临摹无罪，但是要有度。平时多搜集多看，这里的"多"不是以"百"为单位，而是以"万"为单位。每个月平均要阅读超过一万张图，只有这样，眼界和思维才会彻底打开。在原创设计中，可以借鉴，但不要照抄。那可以借鉴什么呢？可以借鉴局部，如标签、字体、主体摆放、色彩、排列方式等。"学最好的别人，做最好的自己"，遇到比较喜欢的设计师，可以模仿他的作品，以提高自己的版面设计能力。在面对具体项目的时候，要根据项目特点有自己的创新。虽然版式设计的结构形式都差不多，并且在四大原则和点线面的框架内，很难做到特别与众不同，但有思想、做原创的设计师才更有价值。

3.4.1 局部形式参考

下面的案例演示了什么是局部形式参考，就是借鉴不同优秀版式中的亮点来设计项目的版式。虽然方法有些笨拙，但是很好用。对于大多数初学者来说，这是提高设计效率的有效方法。注意，在运用局部形式参考的方法做设计时，要严格遵循之前学过的四大原则、点线面关系及五个基本条件。

A   B   C

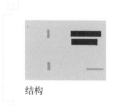

结构   字体   色彩

基础排版　　　　　　　　　　　　　　　　融合参考排版

　　建议大家在练习的时候先从最简单的开始借鉴，然后逐步增加难度。例如，先借用 A 的标题形式训练一段时间；然后尝试加入 B 的版式结构，符合项目信息逻辑的结构即可借鉴；再借鉴 C 的字体、D 的颜色等；最后尝试把 A、B、C、D 大融合。坚持练习，你的设计能力将会突飞猛进，甚至拿到文案就可以直接输出排版。

　　临摹和借鉴都是从业路上要经历的过程。我也经历过这个阶段，并且花费了很长时间才琢磨明白。早期学设计不像现在这么方便，可以很容易地找到各种音视频、图文教程，那时候没人教，就靠偷师学艺。当然，更多的是踩坑踩出来的经验。

3.4.2 发现亮点并借鉴使用

学到这里你应该有了足够的基础编排能力，所以并不需要太多参考了，需要的是对细节方面的借鉴，如点、线、面之类的装饰元素，字体、符号的形式等。

这个阶段很考验设计师的眼睛，你要去发现值得借鉴的地方，并不是见什么就借鉴什么。你需要综合评估借鉴的细节是否符合自己作品的风格，不要为了设计而设计，更不要为了个性而刻意借鉴。

A

B

参考字体叠加效果

参考背景渐变效果

基础排版

融合参考排版

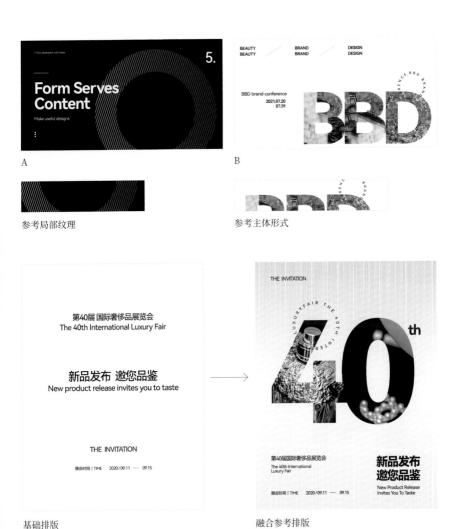

A

B

参考局部纹理

参考主体形式

基础排版

融合参考排版

　　无论是借鉴细节的设计，还是完全的原创设计，四大原则和五个基本条件是基础。学习是循序渐讲由量变到质变的过程，在这个过程中不仅需要大量的练习，还需要耐住性子多看，去看全世界的优秀设计作品，这样才会有源源不断的设计灵感。

3.5 版式一稿多变

客户经常会要求设计师多做几稿，以供他们比较和选择，或者多次修改，直到改出理想的画面。多数设计师遇到这种情况都会有压力。本节将带大家学习如何应对这种压力。

学设计有点像爬山，爬得越高就越累，但只要掌握了关键技巧及核心原则，其他方面都不是事儿，任何版面都需要有三大元素、四大原则和点线面，脱离了就很难立足。根据前面学过的版式设计知识，已经可以快速地做出一张基础版面了，那如果我们遇到更高品质、更多样化的设计需求呢？例如，客户要求马上做出安静、热闹或指定形式的版式。不必担心，这种能力完全可以训练出来。

善"变"是设计师的基本功。

万变不离其宗，无论怎么变，我们都要符合层级清晰、逻辑合理、主体明确、一目了然、表达准确这五个基本条件。

3.5.1 版式变化实例演示

文案信息

01 ⎯⎯⎯⎯⎯⎯⎯⎯⎯⎯⎯⎯⎯⎯⎯⎯⎯⎯⎯⎯⎯⎯⎯⎯ 重要信息

万变不离其宗　　商业版式设计速变公开课

02 ⎯⎯⎯⎯⎯⎯⎯⎯⎯⎯⎯⎯⎯⎯⎯⎯⎯⎯⎯⎯⎯⎯⎯⎯ 次要信息

善"变"是设计师基本功，版式设计变的不仅仅是结构，还可以是字体、　　　　时间：2021.08.01　20：00
气质、主体、逻辑、色彩。

03 ⎯⎯⎯⎯⎯⎯⎯⎯⎯⎯⎯⎯⎯⎯⎯⎯⎯⎯⎯⎯⎯⎯⎯⎯ 其他辅助信息

层级清晰、逻辑合理、主体明确、一目了然、表达准确

排版变化

常规排版

改变文案位置和对齐方式

没有创意时，改变位置是非常好的选择。

改变主体大小

主体可强可弱、可虚可实、可任意变化。

改变信息的逻辑关系

只要信息传递无误，信息的逻辑关系也是可以改变的。

气质多变

改变字体（宋体）

优雅、文静、严肃首选宋体，可以改变气质。

改变字体（书法体）

书法体形式感强烈，适用于表现浮夸、狂野的画面。

改变留白

版面率的改变也会影响版式气质。

添加字母提升画面气质

不知道该添加什么元素的时候，可以尝试添加英文。

用点、线、面装饰画面

可以用点、线、面来丰富版式细节。

增加肌理让画面更有质感

肌理容易表现出画面的质感和气质。

3.5.2 小结

通过以上多种抛砖引玉式的表现，大家对于设计应该有了更多的思考。只要胆子够大，敢于打破规则，**把天赋和灵感先放一边，动起手来操练一下**，从形式到气质的改变，从字体到主体的改变，只要不脱离原则和基本条件，设计会有很多可能性。这些经验都是多年来客户帮我锤炼出来的。有时候会觉得客户要求很奇葩，其实主要还是个人的眼界和认知受限。我觉得设计师不存在瓶颈，顶多算是老本吃完了。如果依照我说的方法能保证每个月以万为单位去搜集作品，每天刷新眼界认知，你的想法会源源不断。

版式一稿多变也是我带新人设计师的经典训练科目。客户的需求会越来越多，审美也在不断提高，不能单纯地以为一种风格就能打遍天下。如果这么想，恐怕你迟早丢掉这碗饭。所以，这个版式多变的关键技术人人都需要掌握，这是设计师的价值体现。

3.6 版式设计综合运用

　　看几篇教程、听几节公开课是不能学到真本事的。碎片化学习学到的永远只是表层概念，很难串联和内化。知识学习是系统化的，有头有尾、有理有据。在系统地学习版式设计之前，你可能会随意地去设计，经过学习之后，你会更加谨慎地对待设计。非科班设计师与科班设计师的明显差异是对设计的审美不同。任何人都有审美和品位，一般来说，科班出身的设计师的优势就在于对细节美感的控制，而非科班出身的设计师相对来说略粗糙。这跟天赋的关系不太大，因为做设计并不完全靠灵感。设计是服务于商业的，设计的结果要以项目本身的需求为导向。增加见识、积累经验，才能学到更多用设计解决问题的方法。

设计的本质是传递和沟通。

　　视觉传达通过视觉呈现来解决人与人、人与物之间的沟通问题，用形式服务功能。平面设计版式呈现的效果是创意表达和观众互动的结果，任何创意形式都必须先满足功能性。

　　随着生活水平的提高，人们对设计的要求已经从最初的满足基本功能，发展到今天的追求好用、好看、更精致、更美好。这是时代的进步，也对设计师的能力提出了更高的要求。对于初学者来说，不必纠结自己的职业性质是艺术还是设计，先把作品做出来，把基础打好。就像你不论练什么功夫，都要先学扎马步。

3.6.1 名片设计练习

是骡子是马，拉出来遛一遛就知道了。接下来通过设计名片，对前面学到的知识进行综合运用。越是不起眼的小东西，越锻炼设计师的基本功。

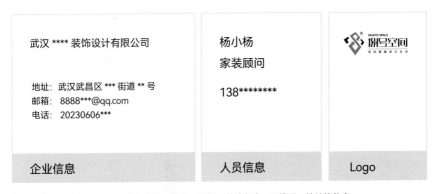

说明：名片一般包含 Logo、企业名称、姓名、职务、联系方式、二维码、地址等信息。

利用所学知识尝试排版

把基本信息按照信息层级排布

1. 重要信息放大突出（Logo）
2. 次要信息略强（人员信息、企业名称）
3. 其他信息缩小弱化（地址、邮箱等）

强化版式视觉力

1. 放大并截取 Logo
2. 版式中有了主体元素（面积最大的元素）
3. 版式空间变得更饱满（高版面率）

其实交换名片的场景已经很少见了，但是正式场合还是需要有一张名片的。设计师更需要有这一项基本功，这也是很多设计公司考查设计师基本功的测试题。

名片做好后的样机效果

一张小小的名片，其中蕴含着很多版式设计的基本功。设计一张名片是对层级、逻辑、四大原则、点线面知识点的综合运用，比如字号的大小、字间距的大小、负空间留白的大小，这都很考验设计师的基本功。所以小小的名片中也有大大的学问，如果你能很熟练地设计出几张名片版式，就说明你的版式设计基本功是扎实的。

 名片设计小结

字号不要小于 4 号。

名片中的 Logo 和二维码要排在信息层级的前两位。

名片要符合版式设计的五个基本条件。

交付时给客户呈现相对真实的样机效果，过稿率更高。

3.6.2 画册封面设计练习

画册封面设计练习旨在巩固版式一稿多变的能力，突破形式对设计师的束缚，摆脱对封面设计的恐惧。版式设计就是根据重要信息、次要信息、其他辅助信息及主体之间的关系进行合理的排布，多多尝试，灵活运用，总会有一条路行得通。

文案信息

01 _____ 品牌 Logo

02 _____ 封面标题

秉信影视制作与产品服务
BELIEVE IN FILM AND TELEVISION PRODUCTION

03 _____ 其他辅助信息

专注于本土影视行业发展
FOCUS ON THE DEVELOPMENT OF LOCAL FILM AND TELEVISION INDUSTRY

对于初学者来说，封面设计是有点难的，但是它再难，也是有规律可循的。纯文字、图形 + 文字、图片 + 文字，封面设计无非就这三种形式，再用点、线、面元素加以装饰。在下页的封面设计中，我并没有很严格地区分重要信息、次要信息及其他辅助信息，因为封面设计不像海报设计一样目的性明确，封面设计会有层级逻辑变化的情况，但不论什么样的逻辑都是为核心思想服务，都要保证受众能顺利阅读信息。

纯文字设计

图形 + 文字设计

图片 + 文字设计

其他形式设计

封面样机效果

封面设计作为版式设计的一个分支，同样是以三大元素、四大原则为基础的，以版式设计的五个基本条件为前提，再以点线面作为装饰，丰富细节。

掌握一套行之有效的设计方法远胜于掌握一个设计技巧，因为前者可以以不变应万变，而后者的适用性较为局限，且容易审美疲劳。希望大家能举一反三地把封面的设计方法延伸到更多的设计项目中。

3.6.3 产品海报设计练习

设计产品海报是电商设计师的主要工作。五花八门的视觉效果，都是基于版式设计四大原则编排出来的，视觉效果再复杂，其中的原理也是相通的。版式设计是一通百通，不论是海报还是画册，只要是平面设计，都离不开四大原则和点线面关系，也都必须由三大元素构成，所以本书尽可能多方面呈现一些案例，让大家看到所学的知识点有更多的应用范围。下面这个项目是关于产品描述类版式设计，做互联网、电商设计的设计师应该比较熟悉。产品海报设计注重的是产品视觉，回想一下之前学过的知识点，思考能用上什么。有了产品，那么就说明主体明确了，然后是文案信息层级，再结合前面学到的版式一稿多变的方法，让产品海报的设计多样化。

这个项目是制作新能源电动叉车的介绍海报，主要表现叉车外形及产品性能优势，右图是产品主图，也就是版式中的主体图，文案信息如下，然后进行初步排版。

文案信息

01	重要信息

新能源电动叉车 NEW ENERGY ELECTRIC FORKLIFT

02	次要信息

液压助力 动力强劲 持久续航

03	其他辅助信息

免维护电机	纯电动	低噪低震	低能耗
无需更换碳刷	大容量蓄电池	无尾气污染 发动机噪声	经济省钱 不加油

NEW ENERGY ELECTRIC FORKLIFT

新能源电动叉车

液压助力 动力强劲 持久续航

免维护电机 　纯电动 　低噪低震 　低能耗

NEW ENERGY
ELECTRIC FORKLIFT

新能源电动叉车

液压助力 动力强劲 持久续航

免维护电机

纯电动

低噪低震

低能耗

左图在初步排版基础上添加了点、线、面的细节作为装饰，使版式满足了海报基本的功能性，但背景的观感比较单调。

既然能自查出问题，那么就要想办法解决问题。首先可以改变一下版式布局，然后强化信息层级，突出主体，这一系列的操作都是有依据的，并不是完全靠感觉随意操作的。背景色采用绿色渐变，符合环保的特性。把辅助信息靠左排版，图标也采用绿色渐变，使版面的节奏感更强。

当然有更多的解决方案这里没有展示，例如，背景单调可以加色块，也可以加肌理，在"3.5 版式一稿多变"中讲过。

3.7 浅谈色彩

本节简单介绍一下我平时常用的配色方法，下图呈现了各种色彩的特点及搭配方法，由于色彩理论专业且复杂，这里就简要地介绍一些基本原理。

NEUTRAL COLORS
黑白灰中性色

无

黑白灰属于无彩色的百搭颜色，多用于调和版面色彩关系

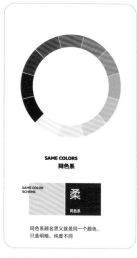

SAME COLORS
同色系

柔

同色系顾名思义就是同一个颜色，只是明暗、纯度不同

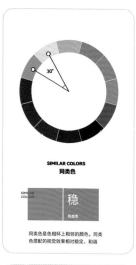

SIMILAR COLORS
同类色

稳

同类色是色相环上相邻的颜色。同类色搭配的视觉效果相对稳定、和谐

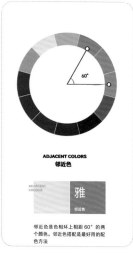

ADJACENT COLORS
邻近色

雅

邻近色是色相环上相距60°的两个颜色。邻近色搭配是最好用的配色方法

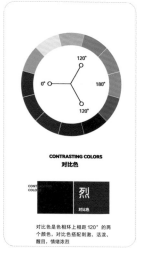

CONTRASTING COLORS
对比色

烈

对比色是色相环上相距120°的两个颜色，对比色搭配刺激、活泼、醒目，情绪浓烈

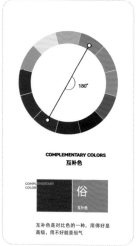

COMPLEMENTARY COLORS
互补色

俗

互补色是对比色的一种，用得好是高级，用不好就是俗气

CMYK 色彩模式和 RGB 色彩模式是设计师必须了解的，因为色彩模式与印刷和屏幕显示等息息相关。

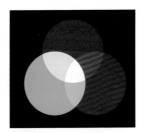

CMYK 色彩模式示意图　　　　　　　　RGB 色彩模式示意图

1.CMYK 色彩模式

CMYK 色彩模式又叫印刷色彩模式，其中 C 代表青色，M 代表品红色，Y 代表黄色，K 代表黑色。用过彩色打印机的同学应该见过，打印机里的四个墨盒就是这四种颜色，油画调色用的也是这四种颜色。做印刷品的设计时必须使用 CMYK 色彩模式，如果模式不对，印刷出来就会偏色。当 CMYK 四种颜色的值全为 100% 的时候就是黑色，全都是 0% 时为白色。

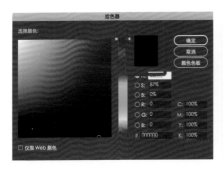

2.RGB 色彩模式

R 代表红色，G 代表绿色，B 代表蓝色，RGB 色值全部为 255 的时候是白色，为零时是黑色。RGB 色彩模式主要用于电子设备的屏幕显示，以这种模式做出来的图不能用于印刷。

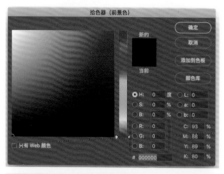

3.8 本章小结

本章中的几个重要知识点需要大家熟记、用熟，如主体层级、设计流程及版式一稿多变。

再次强调对留白的应用。初学者往往会因为某些原因不敢留白，其实留白也属于设计的一部分，如果能打破不敢留白的习惯，作品的品质会得到很大的提升。这里不是说拒绝饱满的设计，而是需要具备驾驭多种设计的能力。

版式的好与坏没有绝对的评价标准，不能以个人好恶来评价一个设计作品。在没有真切了解到项目是为谁设计、给谁用、要实现什么功能的时候，建议不要轻易给出好与坏的结论。就好比一些人觉得脑白金的广告做得俗，但实际上这些人并不是脑白金的目标消费人群，所以这些人的感受并不重要。

有一个亘古不变的原则："设计都是以人为本，为人服务，好用为先的。"所以好用的设计未必就是好看的设计。学习是为了避免做无用的设计，也为了更好地服务客户。

设计路上的每一步都算数，不要嫌废稿太多。

被否定的设计稿可能是别的设计师可望而不可即的。从事设计这个行业是很幸福的，有人花钱

请你设计，还把他们行业的知识分享给你，就算是做得不好也是一种学习，大不了从头再来。

被否定也是一种锻炼，可以学习到新的知识。

第 4 章

画册设计指南

　　每个企业都需要有一本像样的画册，这是我从业多年的深切感受。画册中所涉及的设计知识是非常全面的，比海报版式要复杂得多。如果要经常做一些系统性的设计，本章的内容可能会给你带来启发。

4.1 画册设计概况

画册是一种介绍企业情况的展示平台，常见形式有说明书、招商册、商业形象册、产品样本册等。

虽然这几年互联网行业对实体业的冲击很大，但对画册设计的需求量并没有减少，而且对手册类设计的品质要求更高了。因为互联网让更多客户看到了好的设计，提高了人们的审美和品位。近几年，更多的设计师从事互联网设计，导致优秀的画册设计师越来越少，客户需要花更多的钱请专业的设计师来做画册。随着设计需求的增加，面对客户时，我的态度是**服务对设计品质有要求的客户**。

4.1.1 画册设计没有那么难

我不会告诉你画册应该怎么做，我只会告诉你这样做会有什么结果，是好是坏要你自己判断。如果我直接告诉你用某种技巧、某种方法或某种特效之类的具体做法，其实是在害你。相信大家都听说过"一招鲜，吃遍天"，但是做画册设计时这一招可能不太灵光，除非你所在的团队能够接受你千篇一律的设计风格。画册设计是为项目量身定制的设计，它必须因项目需求的变化而变化。如果前面已经掌握了四大原则，那么接下来学习画册设计将是一件非常轻松的事情。

4.1.2 画册尺寸

印刷品的设计需要考虑到开本、版心、天头、地脚和页边距等，还有3mm出血线也是必须考虑的。一些读者分不清楚设计尺寸和印刷尺寸（即成品尺寸），这里简单说明一下，假如成品尺寸为210mm×285mm，那么设计尺寸应该是（210mm+3mm×2）×（285mm+3mm×2），也就是216mm×291mm。出血线是印刷品预留出的方便裁切的位置。例如，画册成品展开是420mm×285mm，那么设计尺寸应该是426mm×291mm，折页也遵循这个原则。

1.版心与边距

天头				天头	
页边距（切口）	版心	页边距（订口）	页边距（订口）	版心	页边距（切口）
地脚				地脚	

2.出血线

红色虚线为出血线

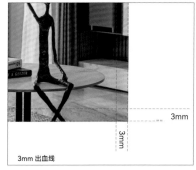

3mm 出血线

3. 常见画册尺寸

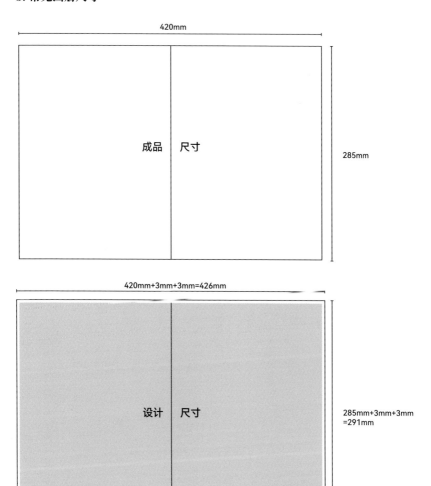

为防止把成品尺寸和设计尺寸搞混，接到项目的时候先要问清楚对方给的是成品尺寸还是设计尺寸，不然等到印刷的时候再调整就很麻烦了。印刷厂如果不问有没有出血，极有可能因为没有加出血而导致成品尺寸失真，严重的话会影响使用。

4.1.3 等距页边距

以成品尺寸为 420mm×285mm 的画册为例，我一般会根据内容量及项目性质来确定版心的大小。如果要高端就多留点边距，要饱满就少留点边距，那么有没有固定值呢？没有。但是可以提供几个比较好用的方法供大家参考。

等距页边距属于比较中庸的设计，整体视觉上不会太有个性，属于比较安全的边距类型。此时天头地脚和两侧页边距是相等的，一般情况下其值可以为 20~35mm。

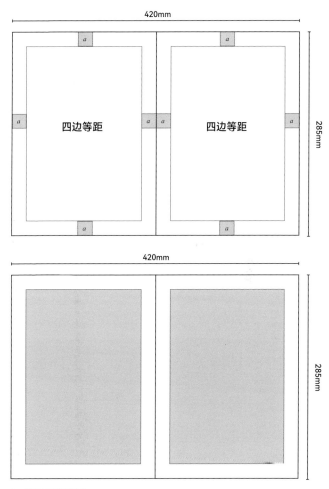

*a 代表任意数值

129

4.1.4 不等距对称页边距

不等距对称页边距很常见，是典型图册、图文混编类、杂志类排版首选的边距形式。它是介于常规与个性化之间的折中，特点是天头地脚比两侧的边距要大，但不一定是2倍，只要是倍数关系都成立，如1.5倍、3倍（只要保证天头地脚是左右边距的倍数即可）。

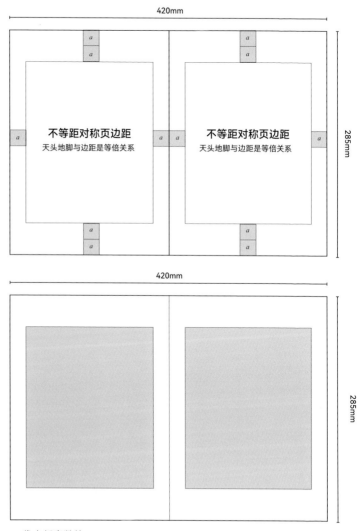

*a 代表任意数值

130

4.1.5 渐变页边距

渐变页边距适用于个性化版式设计，例如，想设计有创意的视觉效果，采用渐变页边距是最合适的。相比于等距页边距，渐变页边距的视觉感更活跃。渐变页边距的渐变有一定的规律，设定好订口最小值，然后按照规律增加数值，数值可以是倍数，也可以是奇数或偶数。

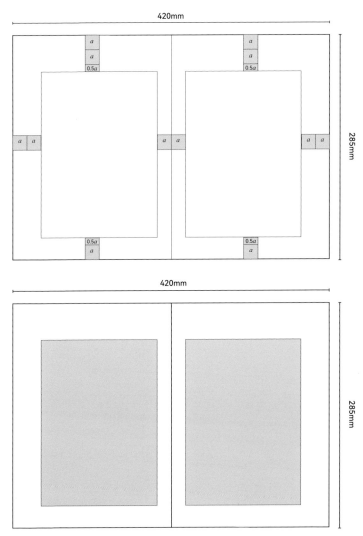

*a 代表任意数值

131

4.2　画册中的三大元素

　　画册设计的主要工作是梳理文案，调节图形 / 图片的大小、距离，以及控制画面留白量。三大元素是构成版面设计的基本元素，没有三大元素，设计是无法进行的。画册设计是系统性的设计，更离不开对三大元素的应用。

　　画册和海报版式一样，除了文案、图形 / 图片，其他的元素都是留白。画册设计对细节和秩序的要求更严谨，字号、行距及图片与文案之间的视觉逻辑关系都需要很严谨规范的排版。越是复杂的设计，就越需要设计师有扎实的设计基本功，尤其是对三大元素的理解和运用。

1. 文案信息

在商业画册中，文案信息的占比是非常大的，因为有大量的公司情况需要介绍。故画册设计主要是处理文案关系，使图形 / 图片配合文案展示。

2. 图形 / 图片

图形 / 图片在画册中主要用于辅助文字内容的理解，而不像在海报中多以主体呈现。画册中的图形 / 图片可大可小，可装饰也可作为主体。例如，文案多，图形 / 图片自然就要变小，文案少，图形 / 图片就可以放大，甚至可以创造元素来调节版面节奏。

3. 留白

画册中的留白不仅是为了调节版面气质，还具备整合元素的功能。在画册设计中特别讲究视觉的整体性，留白不能过于琐碎，要尽可能地保证留白的连贯性和规律性，否则版面就会显得不整洁。

4.3　画册中文案信息的层级关系

本节重点讲解画册中文案信息的层级关系。当我们打开一本画册或杂志的时候，会习惯性地看容易识别的信息，通常先被图片吸引，然后是标题，接着是简短的引言描述或一些关键信息，最后才是大段落的内容。面对这种情况，设计师的设计能力就尤为重要了。

如果文案分类不规范，就需要设计师来做文案的二次加工，把其中的重要信息、次要信息、其他辅助信息分类。在这个过程中，设计师不仅全面了解了项目的信息，也为下一步基础操作做了准备。设计师只有通盘了解了项目的需求后才能把设计做对。

1. 案例演示

公司简介

武汉捌号空间装饰设计有限公司，一体化综合性家居装修服务商，深耕 11 年，致力于为客户提供"更高品质家装"服务，累计服务业主超过 10000+。

品牌优势：捌号空间 · 匠心品质、得意首推优质商家、全自有化施工团队、118 项极致魔鬼工艺、专业设计团队

公司实力

公司拥有"捌号空间全案设计""悠璞高端设计中心""河马工匠施工"等创新型品牌，自有团队，一站式解决家居装修全流程。捌号空间在创立之初便率先提出 118 项魔鬼细节的施工标准，工地施工标准以图文的形式呈现于合同中。从 2010 年起连续 9 年获得武汉消费者最喜爱家装品牌，2018 年被评为武汉家装行业领军品牌，2019 年被评为得意家、美团网络人气品牌。

案例中的文案从表面上看并没有突出关键信息，是很常规的叙述，所以需要二次加工，梳理出其中的重要信息、次要信息及其他辅助信息。在画册中主要信息是标题，次要信息是副标题或引言，其他辅助信息主要是指说明文字。

2. 梳理层级

Company Introduction.

公司简介

品牌故事　　武汉捌号空间装饰设计有限公司，深耕 11 年，一体化综合性家居装修服务商，致力于为客户提供"更高品质家装"服务，累计服务业主超过 10000+。

品牌优势　　捌号空间·匠心品质、得意首推优质商家、全自有化施工团队、118 项极致魔鬼工艺、专业设计团队。

公司实力　　公司拥有"捌号空间全案设计""悠璞高端设计中心""河马工匠施工"等创新型品牌，自有团队，一站式解决家居装修全流程。捌号空间在创立之初便率先提出 118 项魔鬼细节的施工标准，工地施工标准以图文的形式呈现于合同中，用严格执行交付使客户安心。从 2010 年起连续 9 年获得武汉消费者最喜爱家装品牌，2018 年被评为武汉家装行业领军品牌，2019 年被评为得意家、美团网络人气品牌。

　　将文案中的内容做分类处理，把标题、副标题、引言、内文及关键信息梳理出来，将基本的层级关系整理好。

3. 基础排版

打开设计软件，把信息导入，进行精细化的加工处理，也就是基础排版。例如，添加插图、强化关键信息，以及根据四大原则和点线面的应用规律排版页面。

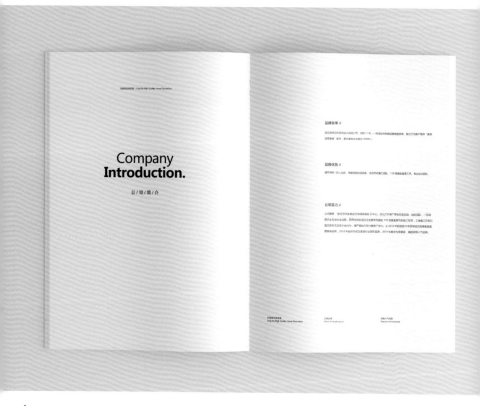

这一步相对来说是比较简单的。只要能梳理出版面中的轻重关系，就可以排出这样的基础版式。这里只是针对信息层级的排版，无须考虑图形 / 图片的摆放，也不用急着变化，更不用着急想创意变化。

4. 细节优化

在前面基础版式的基础上，选择性添加项目中已经有的素材。从简单的变化开始，原则是保证层级不乱，不违背最初内容和要表达的逻辑。看似简单的版式在实际操作时其实很考验设计师的心态，如果感性大于理性，那么你会越做越纠结，所以请记住，先由理性来主导，再加入感性元素。

4.4　画册中四大原则的应用

　　没有做过画册的设计师拿到项目后很容易无从下手。这时利用版式设计的四大原则能够让设计师快速进入工作状态。在做画册项目的时候，整理信息的工作至关重要，在海报版式编排的时候提到过，把基础信息分类整理好后，才能用得上四大原则。在掌握设计原则的基础上可以尝试新的变化。例如，下面这张图是基于前面的基础版式的延伸。注意观察这个版面中理性与感性的元素及设计师刻意提取的元素，这些变化都是为了让有价值的信息清晰、美观地呈现出来。

　　四大原则不是万能的，但是脱离了四大原则，版面就会杂乱无章。熟练地掌握四大原则的应用是设计师建立理性心态的第一步。

4.4.1 对比与重复原则的应用

　　对比一定要明显，没有对比是无法判断层级的。如果文案梳理编排得很整齐，但没有层级对比，依然称不上是好用的作品，也不能满足实际的需求。为了层级清晰，需要给版面加入对比原则。同样还要用到重复原则，小标题的字号以及内文的字距、行距、字体都运用了重复原则，这样就能很清晰地识别出重要的信息了。

Company **Introduction.**

公司简介

英文：30pt / 汉字：15pt

2010
公司成立

10000+
累计服务客户

118
魔鬼细节工艺所见即所得

数字：20pt / 汉字：6pt

品牌故事

武汉捌号空间装饰设计有限公司，深耕 11 年，一体化综合性家居装修服务商，致力于为客户提供"更高品质家装"服务，累计服务业主超过 10000+。

品牌优势

捌号空间·匠心品质、得意首推优质商家、全自有化施工团队、118 项极致魔鬼工艺、专业设计团队。

小标题：10pt / 内文：8pt

4.4.2 遇到问题，怎么用四大原则解决

先把版式设计的五个基本条件检查一遍，分析出问题，然后提出解决方案。层级不清晰是因为对比关系没处理好；表达不准确可能是分门别类的时候没认真阅读文案，亲密性出了问题；版面秩序混乱说明对齐关系没有处理好。如果层级清晰，秩序也可以，对齐也没问题，就是识别率低，那么说明单纯的对比已经无法满足需求了，可以考虑加入重复原则来强化信息关系，让信息的识别率更高一些。四大原则主要是帮助设计师处理基本信息的层级逻辑关系，它也有解决不了的问题，如色彩、调性、字体之类感性方面的问题。

用四大原则配合五个基本条件可以检查出版式中的问题，并且还能准确地给出解决方案。

先分析下面这个版式中存在的问题，然后根据四大原则及五个基本条件有针对性地解决问题。

这个版式中的信息不仅层级混乱，而且最基本的对齐关系都没有满足，字号大小也没有统一，识别性差，秩序混乱，阅读效率极低。

针对性地解决问题

文案层级	**亲密性原则、对比原则**
视觉逻辑	**对比原则、对齐原则**
主体	**对比原则**
信息识别率	**对比原则、重复原则**
信息表达准确率	**亲密性原则、重复原则**

　　四大原则和五个基本条件只能针对性地解决一些设计中的突出问题，使版面满足最基本的功能性和美观性，更复杂的问题还需要用其他的办法来解决。

BROAD EMPLOYMENT PROSPECTS
就业前景广阔

视听新媒体中心岗位
POSITION IN AUDIO-VISUAL NEW MEDIA CENTER

- **实训方式需对标一线企业实际工作**
  新兴产业技能要求与岗位协作流程发生改变

- **国家引导**
  校企合作、协同育人

- **专业改革**
  电子信息技术大类：数字媒体、平面设计、计算机应用等；电子
  商务大类：电子商务，市场营销，数字媒体

- **PRACTICAL TRAINING METHODS SHOULD**
  Skill requirements and post collaboration process of emerging industries should be changed

- **NATIONAL GUIDANCE**
  School-enterprise cooperation, collaborative education

- **PROFESSIONAL REFORM**
  Electronic information technology categories: digital media, graphic design, computer application, etc.
  E-commerce categories: e-commerce, marketing, digital media

　　用对齐原则将元素对齐；用对比原则强化信息层级关系；用重复原则强调中英文、主副标题关系；用点元素突出段落关系。修改之后的版面看起来更轻松，秩序感也更强。这就是四大原则的典型作用，可让设计更科学。

4.4.3 用四大原则实现版式从零到 *N* 的变化

画册设计过程中会经常修改版式逻辑关系。记住，变的是逻辑，不变的是广而告之的目的。

版式结构的改变仅仅是改变画面逻辑关系（即视觉浏览轨迹线，也可以理解为元素摆放位置的变化），在变化的过程中尽量不要改变层级。但并不代表绝对不可以改变，只要事情能叙述清楚，并能解决问题，达到最终目的，就可以改变层级，这就是所谓的打破规则。

案例演示 1：基础页面（单面）

本小节的案例演示和"版式一稿多变"这一节大同小异，画册设计变化不会像海报设计那么浮夸，主要是为了展示画册版式形式的多样性。继续沿用前面的项目文案，通过一步一步地剖析，让大家深刻了解画册设计中的顺序和逻辑。

上图这样的版式为基础排版。此时的版式相对比较规整，层级清晰，逻辑合理，但是没有特点。对于大多数客户来说，这样的设计太简单、单调了，没有设计感，没有任何色彩。

第一次变化

采用循序渐进的方式逐步地变化。这里呈现的是单面的设计效果，调整了信息逻辑，添加了图片。在此过程中要严格遵守层级、逻辑和主体之间的关系，以及四大原则。

第二次变化

这一步已经和基础版式有了很大的不同，添加了色彩，增加了小图片的装饰。画面有了色彩后就不再单调古板，通过色彩反差对比出层级关系，增强阅读体验。

第三次变化

　　胆子再大一些，把色块做大，把图片做满，这样视觉效果会更强。这里没有过多地强化形式感，主要以内容表现为主，这样既能保证最初定下来的设计思路不变，又可以强化设计的视觉感。

第四次变化

　　版式设计中的变化是多样的，是不可预知的，因此会导致盲目变化的状况出现。深入学习版式四大原则及三大元素的关系，会更谨慎、科学地对待每一次变化。此次变化只是在表现形式上更大胆了些，其本质依然遵循了设计的基本原则。

改变的是逻辑，不变的是层级

千变万化都只是为了让版式中的信息更合理，传递更准确，不是单纯地为了变化而变化。在固定的版心内变化出多种不同的排版形式，现在你也可以做到了。接下来讲解双页设计的时候如何变化，以及在变化过程中需要注意的问题。

案例演示 2：基础页面（双页）

双页设计需要考虑视觉逻辑的整体性，在追求个性化设计的同时需要特别注意两个页面之间的互动及画面的平衡感。由文案信息到版面初排，主要是主体结构上的变化。点、线、面元素加入后会有更丰富的变化。

这是典型的双语设计的页面，与单页设计的逻辑相同，先不要急着变化，守住规矩先做规范，再突破规矩。现在只是纯文字，只需要把基本的层级梳理清楚，逻辑关系合理即可，到后面再添加元素，强化设计感。

第一次变化

　　循序渐进地逐步扩大变化，能够学习得更透彻。这次变化简单地调整了副标题的逻辑，添加了主图，使得画面感更强烈。

第二次变化

　　这次变化加入了点、线、面的元素，并提取了关键词，让画面的细节更丰富。

第三次变化

用大图支撑画面是最容易出效果的设计形式，这个方法永远不会过时，不论做什么样的设计它都有效。在版面变化过程中永远遵循版式设计的五个基本条件，要理性大于感性。此时并没有加色彩，略显单调。

第四次变化

加了色彩之后的设计整体焕然一新，其实内容没有变，只是重新编排了逻辑，添加了色彩。添加色彩的时候需要注意，只给重点信息加色，不能乱加。

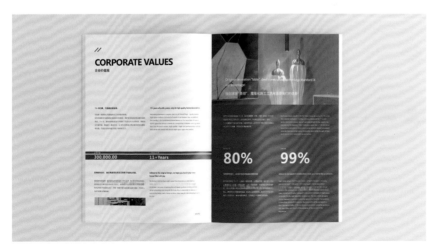

4.5 画册中的点、线、面构成

　　无论是海报设计还是画册设计，点、线、面构成的原理其实都是一样的，在画册设计的表现形式上可能会有一些不同。画册设计，对于点、线、面的依赖性更强一些，画面节奏几乎全靠点、线、面来调节。

4.5.1 画册中的点

ABC 字 !@#$%^&*+−

字符、词组

● ■ ◯ ◯

几何图形

⬡ ■ ▬ ▲ ⬡ □ ▭ △

多边形

🖼

小图片

◔ ◕ ▎▎ ▆

数据图表

👤 🐀 🖥 📦 🧊

人物 / 动物 / 图标

以下面两张图为例，没有点元素的版式属于画册版式中最基础的形式，平淡无味。当添加了点元素以后，版面气质发生了改变。这里添加的点不仅仅是为了烘托氛围，还有助于信息的识别，通过点元素的提示能很顺畅地阅读版面信息。

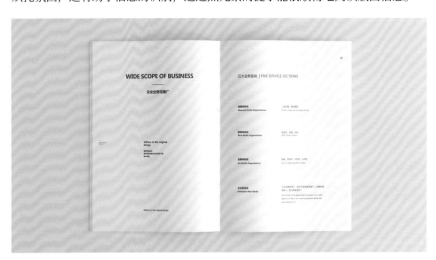

4.5.2 版面中的节奏感

"节奏感"这个词源自音乐节拍，那么版式设计中的节奏感又是什么呢?

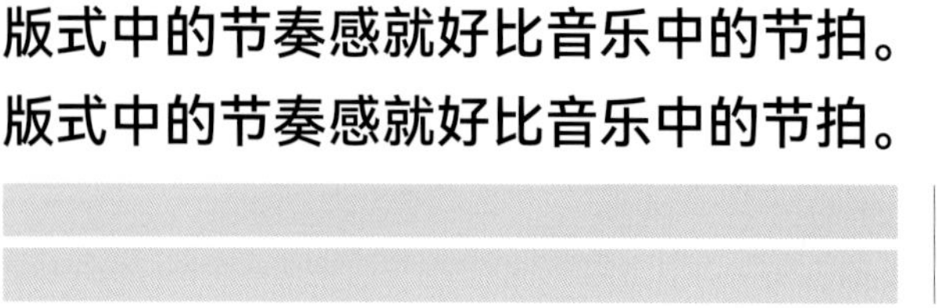

版式中的节奏感就好比音乐中的节拍。
版式中的节奏感就好比音乐中的节拍。

上面这两句话齐齐整整，看起来稳重、普通。

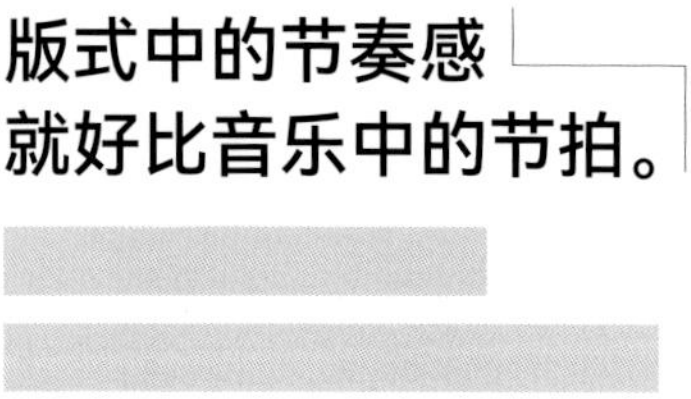

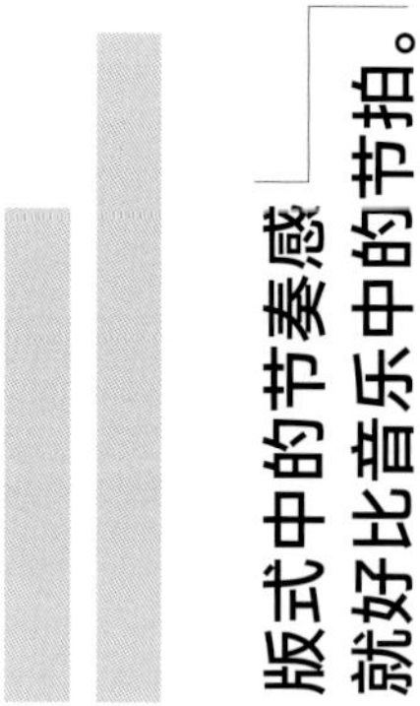

版式中的节奏感
就好比音乐中的节拍。

版式中的节奏感
就好比音乐中的节拍。

换行（注意有长短变化）之后明显感觉有了节奏感。

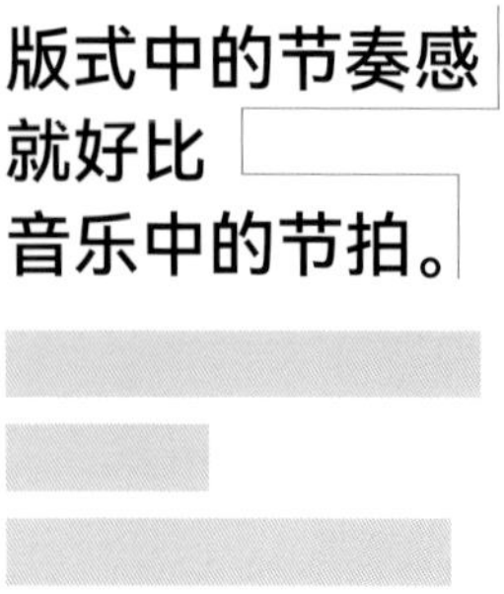

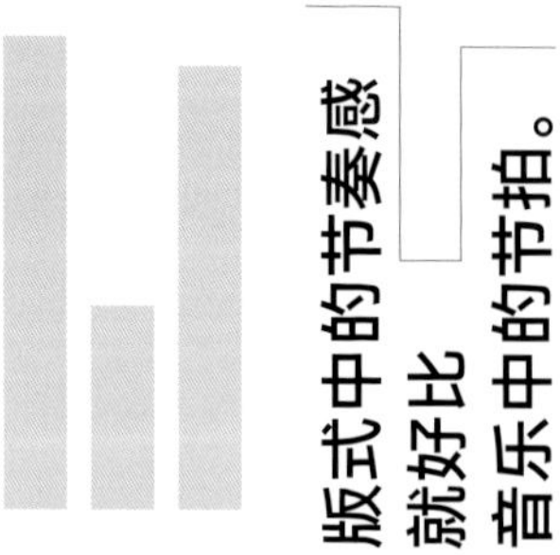

版式中的节奏感
就好比
音乐中的节拍。

版式中的节奏感
就好比
音乐中的节拍。

换行增多，节奏感更强。

通过下面两张对比图，可以发现点元素能够强化版面节奏。注意，在画册中添加点元素要适度，加多了容易适得其反，不仅优化不了节奏，反而会添乱。

4.5.3 点在实际案例中的应用

　　这是一张很常规的版面，规范程度不错，四大原则也用上了，但版面整体比较呆板，节奏感及信息识别性不是很强，没有足够的吸引力。这是初学者做设计时存在的普遍问题，互联网的页面设计也是如此。下面来分析一下如何为这类版面增添活力。

　　前面分析过点的作用，不妨尝试用点作为突破点。点的形式非常多，用哪一种都没有绝对的对与错，但是注意，不要所有的点元素全都用上。可以尝试先从最容易出效果的形式开始操作，如纯粹的点缀、小图标的添加，只有循序渐进地训练才能达到熟能生巧的目的。其实关键是要明白为什么要加点，这样才可以避免盲目用点。

| 数字 | 图标 | 图表 | 小色块 |

画面中应用到的点元素有数字、图标、图表及小色块，这些点元素并不是为了添加而添加，也不是为了设计而设计，要从功能考虑。例如，添加点元素后有助于提高内容的识别率，有助于增强节奏感和整体的视觉感。设计就是一个反复论证的过程，要保证版面中每一个元素都有其存在的理由。

4.5.4 画册中的线

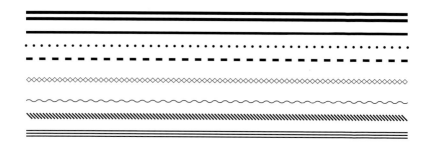

　　线的形式非常多，在画册设计中，线常用于分割信息，装饰页眉、页脚。设计比较有个性的版式时可以选择用线来加强版式的形式感。例如，下面左图中的弧线就是纯粹为了形式感而加的装饰，右图中的直线则是为了分割信息。

画册中线的应用（一）

在原稿基础上添加直线、曲线，同时配合点元素的烘托会让版面的视觉形式美感更强，信息分割也更清晰，可以充分体现线的分割和强化作用。

画册中线的应用（二）

在使用线元素时，侧重于考虑其功能性和美观性。利用线元素连接和分割，配合点元素装饰并强化版面节奏。用四大原则强化秩序关系，优化信息之间的层级逻辑关系，使视觉体验感更强。线的引导会让信息识别更高效，增强版式的形式感，既满足了分割信息的作用，又起到了装饰作用。

线在画册设计中除了分割之外还有很多作用，多数情况下需要与点和面配合呈现，之前说过一行字单独呈现时也是可以当作一条装饰线的，所以希望大家能够发散思维、活学活用。

画册中线的应用（三）

　　下面这两张版式，一张让人觉得安静，一张让人觉得热闹。是的，细节元素越多，版面就越热闹，点、线、面元素的数量会直接影响版式的气质。

　　以上列举的并不是线的所有表现形式，只是展示线的基本作用，了解了基本作用后才能正确使用线元素。

4.5.5 画册中的面

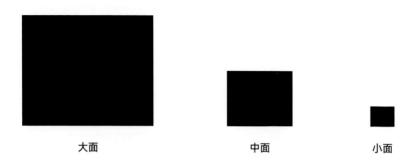

画册中的面主要指大面和中面，以色块和大图为主。大图通常是配合文案以图说的形式呈现。大图选对了，设计就成功了一半。有读者可能会纠结点与小面的区别，其实点与面都是相对概念，没有明确的界线。它们的存在都是为了装饰版面。

下面的版式中，一张标注了大面、中面与小面，一张展示了填充之后的效果。通过对比可以发现，版式设计中的面是规划出来的，并不是随便放的。

想必你已经了解了点、线、面在设计中的基本作用。如果客户不喜欢添加这些东西，觉得多余，设计师能做的就是在谈及这个设计思路时组织好语言，耐心地去解释。

画册中面的应用（一）

面的大小和形式由项目本身决定。在下面这个案例中用到了卡片式色块叠加及圆形色块与内容的融合。大家可以感受到，小面的数量越多，版面就会越热闹。

画册中面的应用（二）

指望"一招"解决所有的问题是不现实的，设计师要有多变的能力，也就是需要根据内容做出不同的版式。形式和气质的变化非常依赖点、线、面的配合，下面的案例中图片比较多，设计过程中要处理好大、中、小面，即主图和副图的关系。

4.6 画册设计规范

 本节主要讲解字体、字号的参考数值，我将这些参考数值称为执行标准，每一个项目都应该专门有一套执行标准。这些数值是由设计尺寸来决定的，例如，手机屏幕的字号建议不小于 24px，印刷品中的字号建议不小于 4 号。这些数值都是基于行业经验归纳出来的。

4.6.1 画册中的常用字体

 工欲善其事，必先利其器。字体是设计工作的主要工具，下面这两种字体类型是日常工作中用得最多的。

衬线体中 / 西文		非衬线体中 / 西文	
思源宋体	Regular	思源黑体	Regular
思源宋体	SemiBold	思源黑体	Medium
思源宋体	Bold	思源黑体	**Bold**
思源宋体	Heavy	思源黑体	**Heavy**
ABCDEFGH!@#$%^&*	Regular	ABCDEFGH!@#$%^&*	Regular
abcdefgh!@#$%^&*		abcdefgh!@#$%^&*	
ABCDEFGH!@#$%^&*	Bold	ABCDEFGH!@#$%^&*	**Bold**
abcdefgh!@#$%^&*		abcdefgh!@#$%^&*	

 * 思源宋体、思源黑体，还有这里没有展示的 MiSans 小米字体都是开源字体，中 / 西字体适用于多种使用场景，并且有多种字重可以选择。

4.6.2 常用字号大小

字体：微软雅黑

字号大小参考
字号：48pt

字号大小参考
字号：40pt

字号大小参考
字号：35pt

字号大小参考
字号：28pt

字号大小参考
字号：18pt

字号大小参考
字号：12pt

字号大小参考
字号：8pt

　　黑体在画册设计中比较常用，所以用黑体来举例，如果平时用宋体比较多，可以自己打印宋体的多种字号作为参考。需要注意，不同的字体参数设置是不一样的，同字号的不同字体会有大小差异，请以应用的字体实际情况为准。例如微软雅黑，用和其他字体同样的字号，它印刷出来就显人。

4.6.3 常用主标题字号

　　以微软雅黑为例，演示画册设计主标题常用字号大小。主标题的大小通常由版面大小决定，使用时要根据实际情况选择，考虑整体的美观性。例如，版面中信息比较少或者版面比较空的话，主标题可以大一点，如果版面内容相对较多，过大的主标题显然不是那么合适。

中文最大、最小字号参考值　　微软雅黑

35pt

主标题字号大小

18pt

主标题字号大小

西文最大、最小字号参考值　　微软雅黑

35pt

MAIN TITLE
FONT SIZE

16pt

MAIN TITLE FONT SIZE

　　以上字号只是一个参考区间，在这个范围内通常是相对安全的，超出 35pt 属于特殊情况。中英文搭配的时候需要注意，中英文可视情况用不同的字号大小，因为相同字号的情况下，英文会显大。

4.6.4 中英文搭配需要注意的细节

　　中英文搭配时，由于中文字体的负空间小，显得密；英文字体负空间大，显得疏。故在搭配时，中文字体比英文字体略大视觉感受会更舒适。

品牌介绍 | **BRAND INTRODUCTION**

中英文同为 18pt，会感觉英文要比中文大一些。

品牌介绍 | **BRAND INTRODUCTION**

中文为 18pt，英文为 17pt 时视觉感受就比较舒服，设计中的视觉感受比较重要。

英文与中文搭配遵循英文小于中文的原则

品牌介绍 | **Brand Introduction**
品牌介绍 | Brand Introduction

品牌介绍 | **Brand Introduction**
品牌介绍 | Brand Introduction

* 搭配形式仅供参考，具体数值比例以实际印刷效果为准。

　　当标题的字号大小有了参考数值，在设计时会心中有数。在画册设计时，主标题的字号大小确定了，副标题的字号大小也随之可以确定。

4.6.5 常用副标题字号

　　副标题与主标题的出现频率是一样的，有主就有次，因此在选择字体的时候副标题的大小是基于主标题大小来确定的。以微软雅黑为例，展示一下常见副标题的字号大小。

25pt　最大、最小字号参考值　微软雅黑 Bold

副标题字号　　**FONT SIZE**

9pt　　**副标题字号**　　　　　　**FONT SIZE**

25pt　最大、最小字号参考值　微软雅黑 Regular

副标题字号　　FONT SIZE

9pt　　副标题字号　　　　　　FONT SIZE

　　这些参考值是基于日常工作经验的总结，大家在使用的时候可以活学活用。举例说明的最小数值都是基于大 16 开（210mm×285mm）的设计尺寸，如果设计尺寸大于或者小于大 16 开就要根据实际情况调整，切勿生搬硬套。设计师要多看多思考，不断地提升自身能力，观察字里行间的细节。

标题：中文 28pt、英文 18pt　　　内文：8pt

副标题：10pt　　　颜色：K100（黑色）

　　大家可以用上图版面中的字号作为参考，尝试排版练习。标题大小由三大元素的总量来决定，不能为了放大标题而忽略版面的承载量及美感。

4.6.6 引言、副标题和内文之间的关系

如果画册版面中存在引言，需要判断这个引言属于哪一个层级。一般来说，它属于三级文字，也就是副标题的下一级，内文的上一级。用对比层级的原则来理解的话，要比内文的视觉感强，但要弱于副标题。因此，引言的字号只要比副标题小，比内文大就行，右边的案例是基于 210mm×285mm 的尺寸排版的，其中用到的字号大小如下。

轻奢现代户型解析

中文主标题　一级
28pt

**HOUSE
TYPE ANALYSIS**

英文副标题　二级
25pt

一套雅致高端，舒适大方的轻奢现代住宅。

引言　三级
9pt

业主的想法很简单，舒适是首要的，但不能失去个性，满足三代人的需求最好。三代人的思维、观念、喜好、生活方式大不相同，我们决定让整个房间更具包容性。

内文　四级
8pt

The owner of this case is a family of three generations, and his parents have a lovely son and a daughter. In the process of chatting with the head of the household, I found that he is a very stable

内文　五级
7pt

　　字号大小的选择完全基于版面的大小。以微软雅黑为例，内文 8pt、英文内文 7pt、标题 28pt、副标题 25pt、引言 9pt 只是相对通用的参考数值，具体项目的字号设定还需根据实际情况来决定。

4.6.7 中文内文字号及间距的设定

内文的内容通常是比较多的，讲究字里行间的留白。一般情况下在设计画册时，字号默认为 8~10pt，特殊情况会大于 10pt。但无论如何都不能比引言的字号大。内文排版时除了要注意字体、字号，还需要注意字距、行距及每一行的字数，这些因素直接决定着版面的视觉体验。

微软雅黑　中文内文　　　　　　　　　　**字号 7pt　字距 0　行距 16pt**

内文的内容通常是比较多的，讲究字里行间的留白。一般情况下在设计画册时，字号默认为 8~10pt，特殊情况会大于 10pt。但无论如何都不能比引言的字号大。内文排版时除了要注意字体、字号，还需要注意字距、行距及每一行的字数，这些因素直接决定着版面的视觉体验。

微软雅黑　中文内文　　　　　　　　　　**字号 8pt　字距 0　行距 18pt**

内文的内容通常是比较多的，讲究字里行间的留白。一般情况下在设计画册时，字号默认为 8~10pt，特殊情况会大于 10pt。但无论如何都不能比引言的字号大。内文排版时除了要注意字体、字号，还需要注意字距、行距及每一行的字数，这些因素直接决定着版面的视觉体验。

　　内文的内容通常是比较多的，讲究字里行间的留白。一般情况下在设计画册时，字号默认为 8~10pt，特殊情况会大于 10pt。但无论如何都不能比引言的字号大。内文排版时除了要注意字体、字号，还需要注意字距、行距及每一行的字数，这些因素直接决定着版面的视觉体验。

　　内文的内容通常是比较多的，讲究字里行间的留白。一般情况下在设计画册时，字号默认为 8~10pt，特殊情况会大于 10pt。但无论如何都不能比引言的字号大。内文排版时除了要注意字体、字号，还需要注意字距、行距及每一行的字数，这些因素直接决定着版面的视觉体验。

　　影响内文字号选择的主要因素有两个，一是版面尺寸的大小，二是受众群体的视觉感受。在可识别范围内，字号越小体验感越差，但是会有精致感；而字号越大看起来越清晰，但容易显得没那么精致。

4.6.8 西文内文字号及间距的设定

对于外贸企业，它们需要双语甚至多国语言排版。这里用最有代表性的 Arial 字体来做演示，希望能提供一些参照。大家不要太依赖软件默认的数据，还是要动手操作测试才能真正感觉到细节的不同。

Arial　　Regular　　　　　　　　　　**字号 7pt　字距 0　行距 12pt**

The content of the text is usually more, pay attention to the empty between the row. Generally in the design of the album, the default font size of 8 ~ 10pt, special circumstances will be greater than 10pt. but in any case can not be larger than the font size of the introduction. In addition to pay attention to the font, font size, but also pay attention to the word spacing, line spacing and the number of words in each line, these factors directly determine the layout of the visual experience.

Arial　　Regular　　　　　　　　　　**字号 8pt　字距 0　行距 15pt**

The content of the text is usually more, pay attention to the empty between the row. Generally in the design of the album, the default font size of 8 ~ 10pt, special circumstances will be greater than 10pt. but in any case can not be larger than the font size of the introduction. In addition to pay attention to the font, font size, but also pay attention to the word spacing, line spacing and the number of words in each line, these factors directly determine the layout of the visual experience.

Arial   Regular   **字号 9pt   字距 0   行距 16pt**

The content of the text is usually more, pay attention
to the empty between the row. Generally in the
design of the album, the default font size of 8 ~ 10pt,
special circumstances will be greater than 10pt. but
in any case can not be larger than the font size of the
introduction. In addition to pay attention to the font,
font size, but also pay attention to the word spacing,
line spacing and the number of words in each line,
these factors directly determine the layout of the
visual experience.

Arial   Regular   **字号 10pt   字距 0   行距 17pt**

The content of the text is usually more,
pay attention to the empty between the
row. Generally in the design of the album,
the default font size of 8 ~ 10pt, special
circumstances will be greater than 10pt. but in
any case can not be larger than the font size
of the introduction. In addition to pay attention
to the font, font size, but also pay attention to
the word spacing, line spacing and the number
of words in each line, these factors directly
determine the layout of the visual experience.

　　在中西文混排时，要先设定好字体、字号等，不建议在设计的过程中反复调
整字间距、行间距，以确保整个项目中细节的高度统一。

4.7 设计元素的提炼及变化

设计元素的提炼有两个作用：一是丰富细节，强化节奏；二是提升版面信息识别率，使其看起来更有设计感。长篇大论中重点信息的提炼非常关键，例如，一段话中的中心思想、年产值、优势特点、项目分类、成立时间、能效提升等。这些元素能直白地向读者传达关键信息，可以拎出来放在显眼的位置。

关键信息提取

最高可选配

128GB

DDR4 闪存

公司成立于

2021年

致力于互联网家装设计运营

80%

口碑品牌，品质为王
80% 业务来自客户转介绍
Word-of-mouth brand, quality is king
80% of business comes from customer referrals

低风险

低风险购物
放心购 破损包退换
Buy with confidence, return the damaged package

24h

待机时间

55亿

2021 年销售额达

37℃

恒温锁定 持续保暖

1200W

1200W 大马力电机

关键词提取及变化

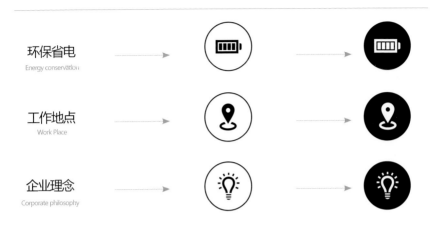

环保省电
Energy conservation

工作地点
Work Place

企业理念
Corporate philosophy

图表类数据提炼

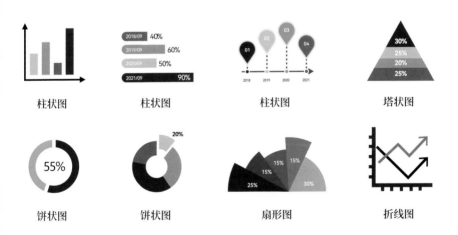

柱状图　　　　柱状图　　　　柱状图　　　　塔状图

饼状图　　　　饼状图　　　　扇形图　　　　折线图

　　把关键词、数据等信息用可视化的图形呈现是常见的设计手法，用得恰到好处就是亮点，用不好就会给版面添乱。所以在使用这些技巧的时候一定要通盘考虑，它们多数以装饰点缀的形式存在，负责调节版面节奏。了解了其基本作用，使用起来才会得心应手。

提炼关键元素在画册中的应用（一）

　　回顾一下之前案例中的关键词提取的手法。下面的第一张图提炼了客户转介率 80%、实景还原率 99%，并将关键数据放大引起读者的注意。下面的第二张图提炼了公司成立时间 2010 年、累计服务客户 10000+、118 项魔鬼细节施工工艺。这些信息清晰地表现了公司实力。

在下面的第一张图中，移动化、场景化、社交化、热点化采用了图标的形式展示，既强化了版面节奏，又以一种有趣的形式表达了意境。下面的第二张图综合运用了设计元素，如摄像机图标、图表、年度数据等。

提炼关键元素在画册中的应用（二）

前期你可能根本看不懂这些色块、图标、数字存在的意义，现在再回顾一下，已经完全可以理解了。本书把这些知识点掰开揉碎来讲解，就是希望大家看完能有醍醐灌顶的效果。把每个知识点都学透，才能达到牢记于心的目的，并且这些知识是不会过时的，因为它们是设计的底层逻辑。不仅画册设计会用到这个知识，平面设计都可以用得到。

提炼关键信息是每个设计师都应具备的能力。早期看别人作品的时候，看到优秀的设计，不由地会问自己，为什么我没有想到这样设计？原来设计还可以这样做？也经常性地怀疑自己。随着阅读量的增加，看多了想多了，就归纳出其中的规律来了。

例如，产品介绍、企业介绍，尤其是团队荣誉或者业绩介绍这类是企业特别重视的数据，所以才有了被提炼呈现的结果。当然，从设计师的角度还需要去考虑版面的美观性以及节奏感。

学设计其实没有那么难，方向、方法对了，学习起来还是相当容易的。本节运用了大量的实例，用简单直白的方式讲解了设计元素的提炼方法，力求通俗易懂。

所有的理论、技巧其实都是围绕着解决问题的心态来做，本书讲到这里其实知识点已经很深入了，从最初的思考层级、逻辑、主体讲到现在关键信息的提炼。但是设计的本质并没有改变，就是解决人与人、人与物之间的沟通问题。

目前画册设计的基础知识已经分解得差不多了，接下来还有一个知识点要学习，就是栅格系统。它是一个规范工具，更像是一个装载所有信息的容器。设计时可以辅助使用。

4.8　栅格在画册中的应用

栅格这个熟悉又陌生的知识点又在画册中提到。简单理解它的主要作用就是让画面更规范，更有秩序和美感。在做画册设计的时候我常用的是现代栅格系统，因为它能提高工作效率，使设计更严谨。

当然凡事都有两面性，刚开始用栅格做设计最容易犯的错就是不敢变化、不会变化，被栅格框得死死的，只会中规中矩地做设计，灵活不起来。不要怕，留白多一点自然就灵活了，学习本来就是适应和改变习惯的过程。

4.8.1 画册中栅格的形式

常见网格栅格有一栏、二栏、三栏，当然还有多栏，画册设计为什么要用栅格呢，仅仅是为了规范吗？这是因为人们眼睛和大脑一次性所能消化的信息是有限的，就好比一个人说话滔滔不绝，不停顿、不换气，自然是受不了的。因此就需要栅格的介入，这是其中一个原因。还有一个原因是版面整体需要有节奏感，在一个版面上分几个栏位编排文字可以方便阅读和规范秩序。栏的数量是根据内容来设定的，由内容决定设计形式。

4.8.2 栅格形式及设定方法

先确定版面大小即开本，常见双面大16开（420mm×285mm），设定好版心，确定好页边距，然后在版心内确定栏数和栏宽。本节案例展示的是栅格的基本形式。了解了网格栅格的基本形式，后面的进一步操作就更容易。

栅格用得好，设计就很容易出彩，栅格用不好就容易做出蹩脚的设计作品。那么我们就不得不思考一个问题，是不是所有的项目都必须要用栅格系统来设计，如果遇到特殊项目呢？显然这个问题我也思考过，不论网格也好，栅格也罢，一定要结合项目实际情况灵活选择。学习设计理论知识不是为了生搬硬套，如果一套方法应用于所有的设计项目，也就没必要写一本书来分析版式设计了。所以大家不要死板教条，活学活用才是终极目标。

1. 一栏的排版样式

　　一栏（也叫单栏）常用于杂志手册，叙事文稿严肃规整，也多用一栏设计。这类版式变化相对比较少，做一栏设计一般大图或者大段文字是最常见的，依赖标题的节奏变化来强化设计感。由于单栏设计平时应用面不是很广泛，在此仅作了解即可。

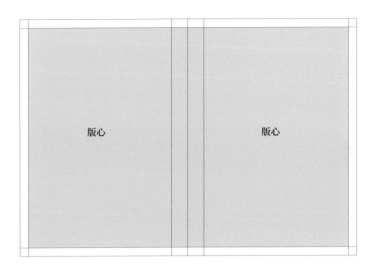

2. 二栏的均等分

二栏（也叫双栏或两栏）多用于双语内容的排版，如中英文对照设计，但不局限于此。二栏的设计正规、严谨，排版自由度相对一栏更高；应用面更广泛，实用性更强。

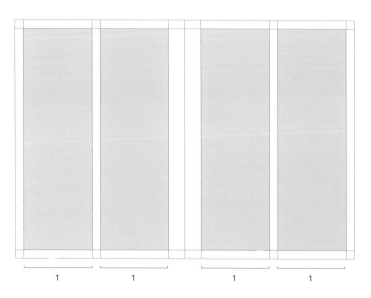

3. 二栏的不等距比例分割

二栏不等距，栏与栏所占面积以倍数关系为主导，小面积的栏放辅助内容或者引言之类，也可以放辅助图片，不作为主要信息板块。

4. 三栏的均等分形式

三栏设计常用于信息量比较大的排版，如杂志、书刊、DM 单等，可以满足个性化需求比较多的情况。在信息板块分类多的图文混排时，三栏也是合适的选择，它可以把信息分割得更细致，使版面更灵活，阅读体验更丰富。

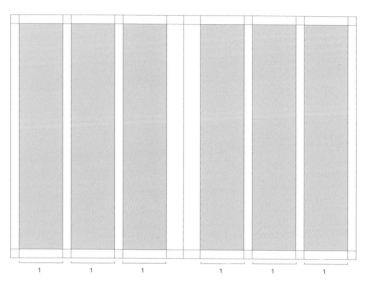

其实栅格就相当于抽屉，在设计初期可以很好地帮助设计师整理信息。栅格之中不仅可以排文字，还可以放图形、图片。

因为双栏设计严谨规范、通用性强，所以在画册设计中出现的频率更高。栏间距建议 5～10mm，没有固定值。栏间距的大小取决于页边距的大小和内文的多少，在使用的时候按照实际情况设定即可。

4.8.3 栅格的使用及变化

栅格系统并不是这本书研究的重点知识。这里主要分享个人的使用感受和经验，浅谈对栅格系统的认知，旨在帮助对栅格系统感到迷惑的读者。

接下来，以双栏为例做一些演示，让大家切实地感受一下双栏为什么如此好用。多栏在这里不深入分析了，大家了解即可。

1. 栅格的使用及变化演示（一）

下面案例基于双栏框架，在信息层级不变的基础上，利用点、线、面元素调节版式节奏感。

左页由双栏变单栏后的部分内容挪到右页，把提取出的关键信息以黑白点缀的形式来强调画面节奏感，视觉感更通透；右页把红色块的面积扩大，编排左页挪过来的内容，形成左右互补的视觉感。

将视觉图用通版跨页的形式排布，将关键信息以圆圈的形式强化，基于上一版左页单栏下移，右页双栏也同步往下移动。变化的是视觉顺序，不变的是信息层级。通版跨页的设计手法呈现的版式视觉感比较大气通透，对图片质量要求更高。

同上一页的变化原理是一样的，这个方案信息排版还是在双栏框架之内，变化的是红色部分信息的位置，由第一版的底部 3 个色块变成了一整块放在顶部。

左右页内容部分严格按照双栏布局，变化的是中间的跨页，以及元素、信息的位置、标题的细节。

2. 栅格的使用及变化演示（二）

前面的案例演示是用单栏＋双栏的方式构成的版式页面，是容易实现的排版形式。接下来基于下面这个页面尝试做变化，帮大家打开设计思路。

改变了左页的排版方式，用人物大图＋文字的排版形式，体现企业专业的服务能力。右边页面顶部信息和图片上下调换位置，这样左右页面会视觉平衡。

这个演示的变化是加入大面积色彩后，左页画面的商务气质更强烈，人物图片缩小放在顶部让出空间，右页提取部分信息和图片放置到左页，右页图片放大，这样左右两页的视觉感都是饱满的。

依然还是双栏，左右两页信息部分的排版方式发生了改变。不变的是层级关系，右页巧妙地运用了圆形元素，让画面更有灵动感。

4.8.4 小结

栅格系统看起来有点复杂，但是本书讲解的这部分知识对于初学者来说相对是友好的。虽然是一个全新的知识体系，但只需要按照书中提到的知识点操作即可。对于已经从业多年的设计师来说，改变设计方式用栅格做设计会略微有点不习惯。但是尝试使用后，可以很快适应。

栅格系统看似是个容器，设计师需要在这个容器内去做变化，这里希望大家不要小看这个容器，我们所看到的主流杂志、图书、画册大多是用栅格设计出来的。一是它的排版效率更高，二是在团队协作方面更便捷。团队成员根据当前的栅栏分栏数量，遵循四大原则、点线面的排版规则操作即可。

栅栏系统不仅应用在印刷设计方面，在 UI 界面设计中也发挥着重要的作用。界面设计是以像素级的严谨程度要求图片大小、间距、字号规范的。因此，不能狭隘地理解栅格仅仅是做画册、书籍设计的，它还可以应用到互联网设计的网页设计、电商设计等。

 设计有了可遵循的规则，设计师工作效率会更高

设计中的规则对于"野生"设计师来说貌似不友好，但是要想吃设计这碗饭，就要学习这些专业知识。因为想要成为一名真正的设计师，不可能永远靠感觉操作。为什么别人一个项目的设计费比你一个月的收入还要多，原因可能就在这里。老司机总能把车开得稳稳的，靠的是对速度、路况和规则的了解以及脚掌与刹车踏板的配合，就是把经验升华成了肌肉记忆。设计师也可以训练出这个能力。

客户要的就是设计师对规则应用的专业能力，效率高、质量高，所以价值就高。这里的规则包括色彩规律、字体规则和栅格系统。我也会经常反思自己，是否做到足够专业，做到与时俱进，时刻提醒自己保持一种谦逊的态度，不断学习、进步。

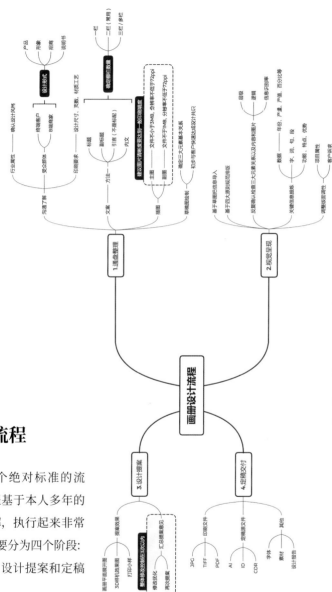

4.9 画册设计流程

画册设计没有一个绝对标准的流程，我总结的这套流程基于本人多年的商业实战，且容易理解，执行起来非常简单。这套设计流程主要分为四个阶段：通盘整理、视觉呈现、设计提案和定稿交付。

4.9.1 通盘整理

接手项目的第一时间不要急于思考该如何设计，而是先把所有的信息、资料采集到位，与客户沟通透彻，把所有的需求梳理清楚，如画册尺寸、页面数量（必须是 4 的倍数）、印刷材质及其他需求。

除了整理以上需求，文稿、插图的体量更不可忽视，毕竟我们所面对的客户不一定擅长撰写文案，更不懂图片品质达到多少才能符合印刷要求。很多客户以为设计师是全能的，所以我们可能需要帮助客户梳理这些素材。

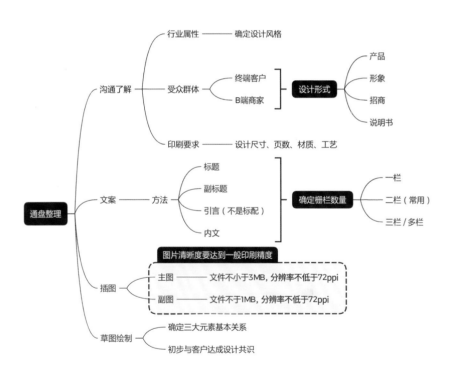

绘制草图

　　草图的绘制最好与客户面对面进行，如果没有条件面对面沟通，可以用其他方式进行沟通。就像建一幢房子，如果没有提前规划图纸是没办法顺利完成的，并且期间各种修改过程会把人搞崩溃。虽然画册设计不像建筑设计那么复杂，但如果有了前期的草图并且与客户有深入的沟通，那么在后期设计的过程中就可以避免反复修改，可以更专注于设计。尤其是遇到"先做一稿看看""多做几版挑选一下"的客户。绘制草图时可以使用铅笔、iPad中的绘图工具或其他设计软件。

4.9.2 视觉呈现

视觉呈现基本上是设计软件的应用。将上一步分类整理好的信息、图形、图片按照次序置入设定好的版面中，要注意信息之间的层级关系，确保基本层级清晰及视觉逻辑相对合理，这样才能顺利进入下一步，也就是关键细节的雕琢、形式感的强化及色彩搭配等。

这一步除了完成基础排版，还需要在导入信息的过程中更深入地了解项目的诉求，从而做出更匹配的设计方案。

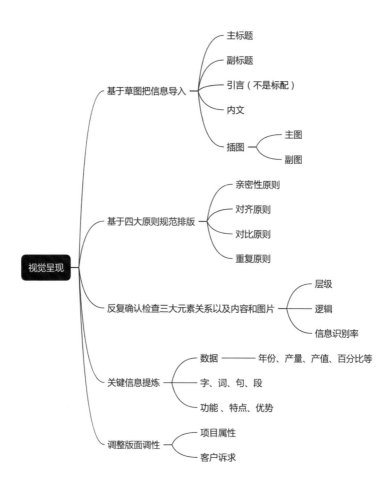

基于草图做出来的高保真设计图

在视觉呈现这一步中，设计师要综合运用四大原则及点线面知识，再配合层级、逻辑、色彩、关键词提取及插图。做画册设计，讲究的是完整性。

4.9.3 设计提案

设计进行到了这个阶段，其实已经完成了 90%，只需要大胆地将想法和设计结果呈现给客户即可。设计提案阶段要讲究策略和方法，要事先确认是线上提案还是线下提案，多数情况是线上，但是无论线上还是线下，提案都需要精心准备。

提案时，需要将想法、理念及设计过程中的动态用可视化的方式呈现。如果你负责提案，那么要尽可能在前三页讲清方案的设计思路，然后展示作品。用这样的方式提案好过随便丢几张图发到微信群里，这样既正式又高效。

提案结束后一定要给客户留出提修改意见的空间和时间，毕竟客户是最终使用者。

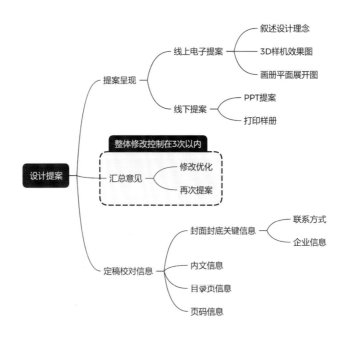

提案开头用几张图简单地回顾客户需求并阐述设计观点，将对方再次拉回项目初期沟通时的场景。要让客户感受到他的需求受到了重视，并顺利执行出来了。这是设计师的常用策略，也是设计师该有的专业态度。我经常将设计师的作品比作自己的孩子，当你的孩子要面世的时候，你一定是希望他体面地呈现：一是自己脸上有光，二是对他人的尊重。

PROJECT DESIGN PROPOSAL

XXXX 项目设计提案

日期：2023.01.01　　　主讲：xxxx

PROJECT DESIGN PROPOSAL

01. 画册的作用

每一家企业都需要有一本像样的、拿得出手的画册。

PROJECT DESIGN PROPOSAL

02. 优劣画册的本质差别

优质的画册能把企业故事讲得更精彩，同时满足美观的功能性，直接影响客户的决策力。

内容
编写专业，语言逻辑性强。
优

视觉感
精致、专业、靠谱值得信赖
优

内容
内容逻辑性差
信息专业度低
劣

视觉感
粗糙、随意、乱、过多无用装饰
劣

样机效果呈现

样机效果呈现的时候是有技巧的，要避免平铺直叙。这里做了几张贴图样机的演示，要展示出整体和细节，切忌角度太单一。

　　效果呈现要有一定的顺序，从封面到内页展开，再到各页面中关键信息的特写呈现。用以点带面的形式全方位地呈现，这样的方式能够让观者更直观地感受到画册的效果，同时也大大提升了过稿率。

4.9.4 定稿交付

　　画册定稿交付与普通海报的文件大同小异，特别强调一下出血，凡是要印刷的文件，就必须在四周加上 3mm 出血。关于输出精度，如果是直接输出印刷稿，图像分辨率不得低于 300ppi。如果导出为 PDF 文件，则直接输出印刷品质即可。如果要交付源文件给对方，软件版本不要太高。另外，要把项目中所用的素材及字体一并打包给客户。注意，由于字体版权的原因，需要注明项目中所应用的字体仅限本项目使用。最后形成设计报告，报告主要呈现设计师信息、设计信息及版权说明。

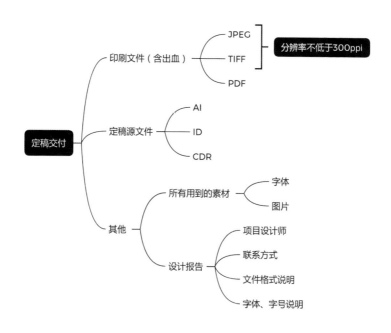

阅览文件　　　源文件 + 素材 + 字体　　　×× 项目 .zip

4.9.5 小结

本节反复强调标准系统化，而标准系统化可大可小，大到整本画册，小到一个标点符号的规范。画册设计尤其考验系统化解决问题的能力，每一个环节都有需要重点学习的知识点。系统化学习没有捷径可走，每一个环节都有很强的逻辑，少了哪一个环节都无法构成一个完整的设计。

这一节讲了画册设计沟通、执行、提案、落地这四大关键环节，这套设计流程不仅适用于画册设计，也可以扩展到其他设计方向，包括电商设计、UI 视觉设计、PPT 设计等。

三大元素、四大原则及点线面关系的知识体系贯穿了整本书，也是平面设计从业者必须刻在骨子里的知识架构。

4.10 浅谈画册设计知识在 PPT 设计中的应用

不论是海报、画册还是 PPT 或其他平面版式设计，其设计思路是一样的，都是由三大元素构成，图形 / 图片、文字、留白，唯一的不同是展示媒介。其实，平面设计知识是相通的，它们都需要有层级、主体、逻辑，也都需要清晰的视觉表达。PPT 设计与画册设计基本相同，但需要注意的是，PPT 中的信息形式分为两种：一是用来看的信息，也就是一目了然的信息；二是用来读的信息，也就是常见的一句话、一段文字等需要花时间阅读的信息。明白了这些关系，接下来分享一下PPT 的设计方法。

PPT 常见规格有 4 ：3、16 ：9、16 ：10 及其他非标尺寸，以 16 ：9 宽屏比例居多，一般软件都可以设置。这里说的 PPT 演示文稿不局限于用 PowerPoint 软件制作的，它可能是由 Photoshop、Illustrator 制作的，也可能是由 Keynote 制作的。只要能进行图文编辑编排工作的软件都可以使用。

The two gray rectangles show "4 : 3" and "16 : 9".

4.10.1 左字右图排版形式

版式设计的三大元素在制作 PPT 时一样适用。PPT 也有重要信息、次要信息及其他辅助信息。在现代商业中，PPT 侧重于可视化传达，如大图、大标题、大图标等强烈的主体视觉。因此，这里也同样适用三秒原则和设计逻辑。PPT 设计也讲究系统性和逻辑性，优秀的 PPT 能满足趣味性、节奏感，以及有让人持续看下去的欲望，而设计不考究的 PPT 很容易令人视觉疲劳。

左字右图的结构是很容易出效果的，只要遵循四大原则，把控好对齐、对比关系，以及用适当的点、线、面点缀，就可以轻松完成下图所示的版面。版面右边的图片可以根据情况调整。

4.10.2 左图右字排版形式

左图右字的排版形式也没有什么难度，建议大家逐步增加难度，在我们所学的知识架构内尝试操作。主体可以是任何元素，也可以是文案。

这里所呈现的 PPT 版式相对简单，是大部分人可以轻松掌握的基础排版。

4.10.3 居中排版形式

构成元素
标题 副标题 说明文 主体

排版形式
居中排版

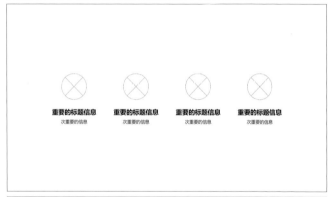

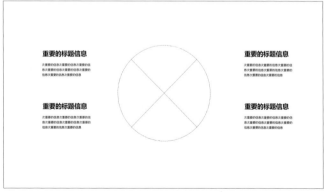

　　任何一种排版形式都是由内容决定的，只要抓住这个要领，PPT 版式一样可以千变万化。

国内领先的家装电商服务品牌

让品牌与用户的连接方式更多样，让营销行为更高效

品牌服务优势 | BRAND SERVICE ADVANTAGE

降低运营成本 　　　官方授权　　　　 5 天快速开店　　　专业团队

人力成本节约 60%　　　平台免费流量资源　　　极速入驻，比正常快 2 个月　　　不做无效推广，效果保障

业务范围 | BUSINESS SCOPE

 电商代运营 　　　 内容整合营销　　　 IT 解决方案　　　 客户服务

淘宝、天猫、京东　　　微信、抖音、微博　　　官网、公众号、小程序　　　品牌策划视觉设计

　　居中排版适合内容逻辑性强的、显示于宽屏中的版面。左右对齐与居中对齐通常配合使用，可以缓解居中对齐带来的视觉审美疲劳。

4.10.4 图表、关键数据在 PPT 中的应用

在画册设计部分讲到的关键词、数据提取，在 PPT 设计中也非常重要，尤其是演讲形式的 PPT 中，如产量、效率、续航、面积等比较有代表性的数据是必须强化突出的元素。无论是图表还是关键数据的提取，一定要基于实际项目，例如，人力成本节约 60%，其中的 "60%" 就可以作为关键点提取。

4.10.5 小结

本节的关键不在于做 PPT，而是让大家看到版式设计理论的更多应用领域。掌握了版式设计基础理论的读者，制作 PPT 的时候会更加如鱼得水。

PPT 排版样式是跟着时代改变的，但是无论时代如何改变，三大元素、四大原则不会变。因此，希望大家学习完 PPT 版式基础之后，再去回看第 2 章中关于版式设计的基础知识。这样你会融会贯通，并且可以更灵活地把这些知识用到更多的设计作品中。

学习任何技巧都不如系统性掌握一套行之有效的设计解决方案，因为方案是万能的，而技巧只是一时的。不论做哪一类设计，层级清晰、主体明确、逻辑合理、一目了然、表达准确这五个基本条件都是必需的，哪怕设计的作品没有那么好看，至少它是正确、有效、有用的。

4.11 本章小结

这一章讲解了画册的设计方法和 PPT 的设计方法。其中反复地强调四大原则在画册中的应用。标题、副标题、引言及内文是画册构成的主要内容。配图是画册的灵魂，负责传递文字无法传递的情感。在做画册设计的时候，不要急于做关键词、数据的提取，一定要先做通盘整理，全面了解了画册的受众、功能及应用场景之后再确定设计方向。

所有设计都可以理解为 70% 的沟通和 30% 的执行，这是我的三七原则。希望大家能真正学会动手之前先动脑，靠科学做设计，脱离靠感觉、套模板的设计方式。这样你会拥有正确的设计心态，对设计更有信心。

写在最后

着手写这本书的时候说实话真不确定能写多久。断断续续、修修改改写了近 5 年，真心希望这本书能够给初入这个行业和正在从事平面设计相关工作的朋友提供一点帮助。

我从 2004 年开始接触平面设计，因为没接受过系统的训练，故定义自己为野生派设计师。最初做设计全靠感觉，多次碰壁后才渐渐地意识到设计理论体系的重要性。这也是很多非科班设计师会面临的问题，对于像网格系统、黄金比例、视觉逻辑等，这些很"高级"的理论体系，常常是一知半解，所以希望这本书可以解开大家心中的疑惑。

在设计过程中大家会遇到很多"麻烦"的设计，有时候也会无法理解客户的需求，最终导致心态崩溃，这是新人设计师常常出现的情况。书中分享了我在面对客户时的处理方法，这些方法有助于我与客户高效沟通，从而迅速解决问题。我很推崇大家用"解决客户问题的心态"去做设计。

优秀的设计必须要好用，这是大前提。简单实用的设计才是靠谱的设计，创意的核心也必然是围绕着设计的功能性而展开，尤其是商业设计，稍有偏差就会导致截然不同的表达效果。作为设计师要做实用的设计，不偏离商业设计的基本属性。

这本书是我从业多年的经验总结，也许它没有那么"高大上"，甚至有些方法会让人觉得有点土。但是，我认为好用才是硬道理，土洋不重要，能让大家远离加班，提高工作效率，做一个有生活、有工作的设计师，我的目的就达到了。我认为设计师是需要空间和时间体察生活的，如果 90% 的时间都被工作占有，输出好设计的能力肯定会下降。通过这本书你可以学到简单、有效的执行方法，以及有科学依据的设计理论知识，更可以掌握一套合理并行之有效的解决沟通、执行、输出作品的方法。

感谢你花时间认真阅读我的书，希望这本书能带你真正地了解设计。学习不是一朝一夕的事情，是一件需要持续坚持的事情。这本书适合带在身边随时翻阅，也非常适合送给想要从事设计工作的朋友。这本书没有"填鸭式"的教育理念，只有浅显易懂的图文。希望你读这本书的时候，可以像与我面对面交流一样顺畅、自在。

最后，感谢我的爱人，没有她我无法完成这本书；感谢我的家人，没有他们的支持，我也坚持不到现在；也感谢一路上所有支持和帮助过我的朋友，没有你们，就没有这样的我。